essentials

essentials liefern aktuelles Wissen in konzentrierter Form. Die Essenz dessen, worauf es als „State-of-the-Art" in der gegenwärtigen Fachdiskussion oder in der Praxis ankommt. *essentials* informieren schnell, unkompliziert und verständlich

- als Einführung in ein aktuelles Thema aus Ihrem Fachgebiet
- als Einstieg in ein für Sie noch unbekanntes Themenfeld
- als Einblick, um zum Thema mitreden zu können

Die Bücher in elektronischer und gedruckter Form bringen das Expertenwissen von Springer-Fachautoren kompakt zur Darstellung. Sie sind besonders für die Nutzung als eBook auf Tablet-PCs, eBook-Readern und Smartphones geeignet. *essentials:* Wissensbausteine aus den Wirtschafts-, Sozial- und Geisteswissenschaften, aus Technik und Naturwissenschaften sowie aus Medizin, Psychologie und Gesundheitsberufen. Von renommierten Autoren aller Springer-Verlagsmarken.

Weitere Bände in der Reihe http://www.springer.com/series/13088

Martin Prechtl · Christian Wolf

Das Lehr-Zyklotron COLUMBUS

Mit einem Teilchenbeschleuniger Physik und Technik erleben

Martin Prechtl
Hochschule Coburg
Coburg, Deutschland

Christian Wolf
Untersiemau, Deutschland

ISSN 2197-6708 ISSN 2197-6716 (electronic)
essentials
ISBN 978-3-658-29709-1 ISBN 978-3-658-29710-7 (eBook)
https://doi.org/10.1007/978-3-658-29710-7

Die Deutsche Nationalbibliothek verzeichnet diese Publikation in der Deutschen Nationalbibliografie; detaillierte bibliografische Daten sind im Internet über http://dnb.d-nb.de abrufbar.

Planung/Lektorat: Lisa Edelhaeuser
Springer Spektrum ist ein Imprint der eingetragenen Gesellschaft Springer Fachmedien Wiesbaden GmbH und ist ein Teil von Springer Nature.
Die Anschrift der Gesellschaft ist: Abraham-Lincoln-Str. 46, 65189 Wiesbaden, Germany

Was Sie in diesem *essential* finden können

- Die Geschichte eines interessanten Projekts von der Idee bis zu seiner Verwirklichung
- Einen Überblick über ein reales Zyklotron mit seinen Subsystemen
- Wie mit Hilfe von Schulwissen ein Zyklotron gebaut wird
- Grundlegende Berechnungen zur Dimensionierung eines kleinen Zyklotrons
- Fragen und Beispiele, die den Physik-Unterricht der Oberstufe nachhaltig vertiefen und ergänzen

Vorwort

Wie kommt ein Lehrer auf die Idee, ein eigenes Zyklotron zu bauen?

Diese Frage hat sich mein Schulleiter sicher auch gestellt, als ich ihm im Herbst 2011 das erste Mal von meinem Plan erzählt habe, ein solches zu bauen, noch dazu mit meinem Physikkurs. Aber wie bin ich wirklich darauf gekommen? Die Antwort liegt eigentlich auf der Hand, wenn man sich einmal die Lehrbücher der Physik, insbesondere der gymnasialen Oberstufe genauer anschaut:

Hier findet sich das Zyklotron in nahezu jedem Lehrbuch. Die Schülerinnen und Schüler lernen, diesen Beschleuniger zu beschreiben, seine wesentlich Funktion zu erklären und wichtige Kenngrößen zu berechnen, wie z. B. die Zyklotronfrequenz, die Endenergie oder die -geschwindigkeit der Ionen.

Und warum ist das so?

Ein Zyklotron ist, zumindest theoretisch, ein sehr einfacher, vielleicht sogar der einfachste Typ eines Kreisbeschleunigers. Das Prinzip ist so plausibel und einleuchtend, dass man es bisweilen schon in einigen Mittelstufenbüchern zu lesen bekommt.

Fragt man jedoch, wer von ihnen schon einmal ein *richtiges* Zyklotron gesehen hat, so wird man in der Regel entweder Kopfschütteln oder bestenfalls eine ironische Antwort erhalten. Nur wenige Universitäten oder Forschungseinrichtungen unterhalten einen solchen Beschleuniger; zu komplex ist ein reales Zyklotron im Vergleich zu seinem theoretischen Pendant. Und so kommt es zu der geradezu paradoxen Situation, dass fast jeder Schüler, bzw. jede Schülerin ein Zyklotron zwar bis ins Detail berechnen kann, aber noch nie einen solchen Beschleuniger gesehen, praktische Erfahrungen oder gar Experimente damit gemacht hat.

Genau an dieser Stelle setzt das von den Verfassern 2012 ins Leben gerufene Projekt COLUMBUS an, indem es interessierten Schülerinnen und Schülern ein Kleinzyklotron zur Verfügung stellt, mit dem sie die Funktion dieses Beschleunigers **zur Laufzeit** studieren und sogar eigene Experimente durchführen können. Um dies zu erreichen, muss u. a. die Energie der beschleunigten Ionen – es handelt sich hier um Wasserstoffionen – so niedrig sein, dass eine Gefährdung der Schülerinnen und Schüler zu jeder Zeit ausgeschlossen ist. Die Herausforderung dieses Projekts bestand demnach darin, ein Zyklotron in diesem niedrigen Energiebereich zum Laufen zu bringen.

Natürlich hat es in der Vergangenheit bereits einige Versuche in dieser Richtung gegeben, etwa die Arbeiten von Fred Neill (1995) [1], Leslie Dewan (2007) [2], Damian Steiger (2009) [3] oder die Untersuchungen von Heidi Baumgartner/Peter Heuer (Cyclotronkids 2010) [4], und nicht zu vergessen, das Zyklotron von Timothy Koeth, das er an der Rutgers University, New Jersey [5] gebaut hat.

Trotzdem konnten wir nur bedingt auf bereits gemachte Erfahrungen zurückgreifen. Zu unterschiedlich waren die Voraussetzungen und Bedingungen, die diesen Arbeiten zugrunde lagen. So mussten auch wir unseren eigenen Weg gehen, um unser Zyklotron zu bauen. Ohne die Hilfe von vielen Personen, Firmen und Instituten wäre dieses Werk jedoch nie gelungen, so dass ich an dieser Stelle allen Beteiligten ganz herzlich für ihre Unterstützung danken möchte. Eine namentliche Erwähnung würde jedoch den Rahmen dieses Buches sicher sprengen, so dass ich stellvertretend für alle nur einen persönlichen Dank ausspreche, und dieser gilt Prof. Dr. Rudolph Maier vom Forschungsinstitut Jülich und seinem Team. Prof. Maier hat uns, als er 2012 von diesem Plan erfuhr, nicht nur den Magneten zur Verfügung gestellt sondern auch sonst dieses Projekt mit außergewöhnlicher Unterstützung in jeder Hinsicht gefördert und begleitet. Er ist somit quasi der Vater von COLUMBUS. Aus diesem Grund ist das vorliegende Buch auch ihm gewidmet.

Scherneck
im Jahr 2020

Christian Wolf

Inhaltsverzeichnis

Über die Autoren

Martin Prechtl studierte Physikalische Technik mit dem Schwerpunkt Technische Physik an der damaligen Fachhochschule München. Nach seiner Promotion in Angewandter Lasertechnik an der Friedrich-Alexander-Universität Erlangen-Nürnberg arbeitete er als Entwicklungsingenieur in der Industrie sowie am Max-Planck-Institut für Plasmaphysik in Garching bei München; zur gleichen Zeit war Martin Prechtl Lehrbeauftragter für Physik sowie Vakuum- und Kryotechnik an der Hochschule München. Im Jahr 2009 erhielt er einen Ruf auf eine Professur an die Hochschule Coburg. Dort lehrt Martin Prechtl in den Bereichen Grundlagenphysik, Angewandte Mathematik sowie Technische Dynamik. Zudem leitet er das Labor für Angewandte Vakuumtechnik, wo im Rahmen des Schülerforschungszentrums der Technologieallianz Oberfranken das Lehr-Zyklotron COLUMBUS entwickelt und realisiert wurde.

Christian Wolf studierte Mathematik/Physik für das Lehramt an Gymnasien an der Bayerischen Maximilians Universität Würzburg. Nach dem Referendariat unterrichtete er am Arnold-Gymnasium in Neustadt/Coburg und anschließend am Gymnasium Ernestinum in Coburg die Fächer Mathematik und Physik. 1998 legte er die Staatsprüfung im Fach Informatik ab. Seit dem Jahre 2012 leitet Christian Wolf in Zusammenarbeit mit dem Forschungsinstitut Jülich und der Hochschule für angewandte Wissenschaften Coburg das Projekt COLUMBUS – ein Zyklotron für den Schul- und Lehrbetrieb, in dessen Rahmen er zahlreiche Workshops und Vorträge gehalten hat.

1 Einführung

In dem einführenden Kapitel wird beschrieben, was dieses *essential* bietet und an welchen Personenkreis es sich richtet. Der Leser findet hier in kurzen Worten eine Begründung dafür, warum es sich lohnt, dieses *essential* zu lesen, obwohl das Thema an sich bereits ausführlich in der Fachliteratur behandelt worden ist. Weiterhin werden hier stellvertretend für alle mitwirkenden Schülerinnen und Schüler drei von ihnen vorgestellt. Diese begleiten den Leser bei dem Streifzug durch die einzelnen Kapitel und geben einen Einblick, wie die Thematik bei den Jugendlichen auf- und angenommen wurde.

Die Namen der hier erwähnten Schüler sind natürlich frei erfunden, nicht jedoch die Fragen und Gedanken, die die Realisierung stets begleitet haben.

Bei dem Begriff Teilchenbeschleuniger denkt man häufig gleich an CERN[1] und somit an komplexe und hoch-anspruchsvolle physikalische Grundlagenforschung. Und damit liegt man ziemlich richtig, denn eine „Maschine“, mit der man Elementarteilchen, also die kleinen und kleinsten Bausteine der Materie auf große Geschwindigkeiten resp. Energien bringen kann, ist ein Zusammenspiel mehrerer physikalischer Effekte sowie diverser technischer Systeme. Und genau in so eine beeindruckende und spannende Welt gibt dieses *essential* einen Einblick, nicht in der Dimension von CERN, einige Nummern kleiner, dafür aber in kurzer Zeit erfassbar.

[1]CERN: **C**onceil **e**uropéen pour la **r**echerche **n**ucléaire, europäische Organisation für Kernforschung im Kanton Genf in der Schweiz, weltweit größtes Forschungszentrum auf dem Gebiet der Teilchenphysik. Kernstück ist der LHC (Large Hadron Collider), ein „Beschleuniger“ für Hadronen, d. h. jenen subatomaren Teilchen, die infolge der starken Wechselwirkung („Kernkräfte“) miteinander interagieren.

M. Prechtl und C. Wolf, *Das Lehr-Zyklotron COLUMBUS*, essentials,
https://doi.org/10.1007/978-3-658-29710-7_1

Was bietet dieses *essential*?

Es wird ein fundiertes, ganzheitliches und anschauliches Verständnis für ein reales physikalisch-technisches System am Beispiel eines speziellen Teilchenbeschleunigers, dem sog. Zyklotron vermittelt. Dabei werden die einzelnen Komponenten bzw. „Baugruppen" in ihrer Funktionalität erläutert, deren besonderen Eigenschaften aufgezeigt und insbes. die gegenseitige Interaktion in einem Wirkungsgefüge diskutiert. Für einen direkten Einstieg in diese Lektüre ist nicht besonders viel Vorwissen notwendig, Physik- und Mathematik-Kenntnisse auf dem Level der 11. Klasse der Oberstufe sollten ausreichend sein.

An wen richtet sich dieses *essential*?

Dieses *essential* richtet sich gleichermaßen an Lehrerkräfte, Schülerinnen und Schüler sowie Studentinnen und Studenten, aber auch an alle, die einfach nur an Physik und Technik interessiert sind. Um dem Ganzen etwas mehr Leben zu geben, wird in jedem Kapitel ein Unterrichtsszenario im Stile eines „Schüler-Lehrer-Dialogs" präsentiert. Hier findet man zu den einzelnen Themen typische Fragen und die entsprechenden – zunächst „einfachen" – Erklärungen; möglicherweise entdecken Lehrkräfte an dieser Stelle die eine oder andere Inspiration für ihren Unterricht. Da es sich jedoch schon um ein wissenschaftliches Buch handeln soll, wird im Nachgang auf etwas ausführlichere und teilweise mathematische Ausführungen nicht verzichtet.

Die Leserinnen und Leser des *essential*s werden also exemplarisch am Beispiel Zyklotron auf eine – bereits erlebte (COLUMBUS ist ein Zyklotron der Marke Eigenbau) – Reise mitgenommen, in der sie ihr Grundlagenwissen anwenden aber auch erweitern und – das ist von wesentlicher Bedeutung – lateral vernetzen können. Letztlich soll dieses Thema den individuellen „Entwickler- und Forscher-Geist" wecken und Ideen für eigene Projekte liefern.

Wer war an dem Projekt beteiligt?

Bevor es mit dem Streifzug durch das Leben eines Zyklotrons losgeht, sei an dieser Stelle noch das Schülerteam vorgestellt, das uns bei der Konstruktion und dem Bau unseres Zyklotrons begleiten wird. Es handelt sich dabei um zwei Schüler und eine Schülerin, die ein naturwissenschaftlich technologisches Gymnasium besuchen und dort in der Oberstufe den Physikzweig gewählt haben.

Fabian ist zweifelsohne der mathematisch-physikalische Kopf des Teams. Seine Noten bewegen sich grundsätzlich im oberen zweistelligen Bereich, vor allem natürlich in Mathematik und Physik. Trotzdem kann er sehr gut erklären und hilft stets, wo er kann.

Benedikt, von seinen Freunden nur **Ben** genannt ist der Tüftler der Gruppe. Er hat es nicht so sehr mit der Theorie und dem Büffeln, er beschäftigt sich viel lieber mit praktischen Problemen und findet hier bisweilen geniale Lösungen. Gut, dass er Fabian zur Seite hat, um sich insbesondere auf Matheschulaufgaben vorzubereiten.

Sabine ist das einzige Mädchen in der Dreiergruppe und auch im gesamten Physikkurs. Sie genießt deshalb die volle Bewunderung ihrer Mitschüler. Der Erfolg gibt ihr jedoch Recht. Mit scharfem Verstand und ihrer analytischen Denkweise kann sie immer wieder ihre Mitschüler und auch Lehrer überzeugen.

Beschleuniger und ihre Anwendungen 2

Die Aufgabe der Experimentalphysiker besteht in der Beobachtung und der Beschreibung von Vorgängen in der Natur. Hierfür verwenden sie die verschiedenartigsten Messinstrumente und u. a. auch Teilchenbeschleuniger. Diese haben die Aufgabe, elektrisch geladene Teilchen, wie z. B. Protonen, auf hohe und sehr hohe Energien zu beschleunigen.
Aber was machen die Physiker dann mit diesen hochenergetischen Teilchen? Im folgenden wird geklärt, wofür Beschleuniger heute verwendet werden. Anschließend erfolgt ein kurzer Überblick über die Entwicklung unterschiedlicher Beschleunigertypen, wobei insbesondere auf den Unterschied zwischen Gleich- und Wechselspannungsbeschleunigern hingewiesen wird. Abschließend wird begründet, warum gerade das Zyklotron für den Eigenbau als Beschleunigertyp gewählt wurde.

2.1 Beschleuniger: Gigantomanie oder Notwendigkeit?

Ben: Mich würde interessieren, wozu man in der Physik Beschleuniger braucht oder besser, was machen Physiker eigentlich mit den Beschleunigern?

Sabine: Ja, und warum baut man eigentlich immer größere Beschleuniger; etwa den **F**uture-**C**ircular-**C**ollider (FCC), der noch größer werden soll als der **L**arge-**H**adron-**C**ollider (LHC) und ca. 24 Mrd. EUR kosten soll? Ist das nicht reiner Größenwahn?

Lehrer: Nun, der FCC ist ja noch nicht beschlossen, aber was Physiker mit den Teilchenbeschleunigern machen, kann ich dir schon sagen.
Erstens untersuchen sie die Materie auf atomarer bzw. nuklearer Ebene. Das heißt, sie wollen wissen, aus welchen elementaren Teilchen Atome und Kerne und damit unsere Materie besteht.

M. Prechtl und C. Wolf, *Das Lehr-Zyklotron COLUMBUS*, essentials,
https://doi.org/10.1007/978-3-658-29710-7_2

Zweitens kann man mit Beschleunigern damit neue, meistens schwere Teilchen erzeugen oder kurzlebige Radionuklide für medizinische Zwecke, wofür vor allem Zyklotrone verwendet werden.
Drittens kommt noch die Untersuchung von Prozessen unmittelbar nach dem Urknall, d. h. des nur wenige Sekundenbruchteile alten Universums hinzu.

Fabian: Und dafür braucht man dann immer größere Beschleuniger? Warum ist das so?

2.2 Strukturanalyse

Will man subatomare Objekte (Durchmesser $< 10^{-15}$ m), also solche, die kleiner sind als ein Atomkern untersuchen, so braucht man hohe Energien, um sie voneinander getrennt erkennen zu können. Der minimale Abstand zweier punktförmiger Objekte, bei welchem diese beiden noch einzeln wahrgenommen werden können, ist umso kleiner, je kleiner die Wellenlänge der verwendeten Strahlung ist. Vereinfacht ausgedrückt ist die Auflösungsgrenze ungefähr gleich der Wellenlänge. Nach EINSTEIN hängt die Energie E einer elektromagnetischen Strahlung, wie Licht, bzw. Photonen (Quanten bzw. Energiepakete der Strahlung) mit ihrer Wellenlänge λ wie folgt zusammen:

$$E = \frac{hc}{\lambda}; \tag{2.1}$$

h ist eine Naturkonstante, das sog. PLANCKsche Wirkungsquantum, wie auch die Vakuum-Lichtgeschwindigkeit c. Ein Beispiel soll das verdeutlichen: Will man z. B. das Innere von Zellen (10^{-7} m) betrachten, so benötigt man eine Strahlung mit einer Wellenlänge $\lambda \approx 10^{-6}$ m, also kann man hierfür blaues Licht (380–450 nm) verwenden. Die Photonen haben dann eine Energie von 2,8–3,2 eV.
Sollen jedoch noch kleinere Strukturen aufgelöst werden, also Moleküle oder Atome, dann sind entsprechend kleinere Wellenlängen erforderlich. Nach DE BROGLIE hat nicht nicht nur elektromagnetische Strahlung eine Wellenlänge, sondern man kann auch anderen Objekten (Masse m) wie Elektronen oder Protonen, die sich mit der Bahngeschwindigkeit v bewegen, eine solche zuordnen. Deren Wellenlänge hängt dabei vom Impuls p bzw. der kinetischen Energie E_{kin} der Teilchen ab. Die Formel, eine Herleitung der relativistischen Form findet der Leser in z. B. [6], lautet (E_0 ist die sog. Ruheenergie des Teilchens):

$$\lambda = \frac{h}{p} = \frac{h}{mv} = \begin{cases} \frac{h}{\sqrt{2mE_{\text{kin}}}} & \text{klassisch}: \quad v < 0,1c \\ \frac{hc}{\sqrt{2E_0E_{\text{kin}} + E_{\text{kin}}^2}} & \text{relativistisch}: v > 0,1c \end{cases} \tag{2.2}$$

Verwendet man demnach Elektronen mit einer kinetischen Energie von 10 keV, so kann man mit diesen Strukturen bis ca. 10 pm auflösen. Dies geschieht mit Elektronenmikroskopen. Will man subatomare Strukturen auflösen, etwa bis 10^{-15} m, benötigt man Teilchenenergien von mehreren GeV. Solche Energien liefern heute große Teilchenbeschleuniger wie der **L**arge-**E**lektron-**P**ositron Speicherring (LEP) am DESY[1] oder der LHC am CERN

2.3 Erzeugung neuer Teilchen

Im Jahre 2012 wurde das Higgs-Boson entdeckt. Dieses Teilchen entstand bei der Kollision von Protonen mit einer Energie von je 4000 GeV. Bei einigen Kollisionen wandelt sich ein Teil der freiwerdenden Energie in die Ruheenergie eines Higgs-Teilchens ($\sim$ 125 GeV) um. Dieses hat damit eine Ruhemasse von ca. $2{,}232 \cdot 10^{-25}$ kg $\approx 133\, m_\mathrm{P}$ (m_P: Protonenmasse). Ebenfalls durch Kollisionsexperimente entdeckte man erstmals am TEVATRON am FermiLab (USA) das TOP-Quark, das etwa die Masse eines Goldkerns hat und das massereichste Quark ist. 2010 konnte es auch am LHC am CERN nachgewiesen werden. Somit sind Teilchenbeschleuniger in der Lage neue, meist sehr schwere Teilchen zu erzeugen, indem bei Kollisionen ein Teil der Energie in die Ruheenergie eines neuen Teilchens umgewandelt wird. Bildlich gesprochen kann so aus zwei Pflaumen eine Birne werden.

Kernumwandlungen sind auch eine wichtige Anwendung von Teilchenbeschleunigern, insbesondere von Zyklotronen. Mit diesen Beschleunigern wird aus dem Sauerstoffisotop ^{18}O das Radioisotop ^{18}F gemäß der folgenden Reaktionsgleichung ^{18}O(p; n)^{18}F.[2] Dieses Isotop findet in der Protonen-Elektronen-Tomographie (PET) bei der Krebsdiagnostik Verwendung.

2.4 Erforschung des frühen Universums

Kurz nach dem Urknall war die gesamte Energie des Universums in einem sehr kleinen Volumen konzentriert. Wenn es nun gelingt, mit Hilfe von Beschleunigern Volumina mit dieser Energiedichte herzustellen, dann kann man die Prozesse untersuchen, die im frühen Universum stattgefunden haben, so z. B. die Entstehung von Nukleonen aus Quarks. Mit dem LHC erreicht man Teilchenenergien von mehreren TeV. Diese Energie entspricht dem Zustand ca. 1 Billiardste Sekunde nach dem

[1]DESY: Deutsches Elektronen-Synchrotron in Hamburg, Forschungszentrum der Helmholtz-Gemeinschaft.

[2]Die Schreibweise ^{18}O(p; n)^{18}F bedeutet: $^{18}_{8}\mathrm{O} + p \rightarrow ^{18}_{9}\mathrm{F} + n$.

Urknall, also bei der Entstehung unseres Universums. Möglicherweise lässt sich dann auch die Frage klären, wie es zu dem Ungleichgewicht zwischen Materie und Antimaterie gekommen ist.

2.5 Beschleunigertypen

Im Laufe der technischen Entwicklung wurden immer leistungsfähigere Beschleuniger mit immer größeren erreichbaren Teilchenenergien entwickelt. Die folgenden Absätze geben eine knappe Zusammenfassung dieser Entwicklung. Weitere und genauere Informationen findet der Leser in der Literatur ([10]–[13]) und im Internet.

Elektrostatische Beschleuniger. Der einfachste Typ eines Beschleunigers ist ein elektrostatischer Beschleuniger. Bei diesem werden die Ionen durch eine hohe elektrische Spannung beschleunigt. Der Aufbau ähnelt dem einer BRAUNschen Röhre und wurde in Apparaturen zur Messung der spezifischen Ladung von geladenen Teilchen angewandt, oder um Röntgenstrahlung zu erzeugen. Prinzipiell muss man die Beschleunigungsspannung nur entsprechend erhöhen, um jede gewünschte kinetische Energie der Teilchen zu erreichen. Dies warf jedoch vor allem Isolationsprobleme sowohl bei der Erzeugung der Spannung wie auch in der Entladungsröhre auf, die die beschleunigten Ionen passieren mussten. Die erste nachgewiesene Kernumwandlung mit einem solchen Beschleuniger unter Verwendung eines 800 kV-Kaskadengenerators gelang Cockroft und Walton 1932, bei der Lithium mit 400 keV Protonen in He oder Be umgewandelt wurde[3] [11]. In den dreißiger Jahren wurde intensiv an der Verbesserung der Spannungsfestigkeit der Entladungsröhren gearbeitet, da mit Hilfe des neu entwickelten VAN- DE- GRAAFFschen Generators Spannungen bis 1,5 MV zur Verfügung standen.

Wechselspannungsbeschleuniger Trotz unbestrittener Erfolge beim Bau elektrostatischer Beschleuniger[4] blieben die hohen Spannungen der begrenzende Faktor für die erreichbaren Energien. So schlug Gustav Ising 1924 vor, Ionen durch eine wesentlich niedrigere Spannung zu beschleunigen, indem sie dieselbe Spannung mehrfach durchlaufen. In einem solchen Linearbeschleuniger(vgl. Abb. 2.1) werden die Ionen mit Hilfe von Driftröhren durch eine hochfrequente Wechselspannung mit konstanter Frequenz beschleunigt.

[3]Reaktionsgleichungen: ^{7}Li(p;)^{4}He bzw. ^{7}Li(p; n)^{7}Be.

[4]z. B. Van de Graaf-Beschleuniger oder Tandembeschleuniger vgl. auch [10], oder [9].

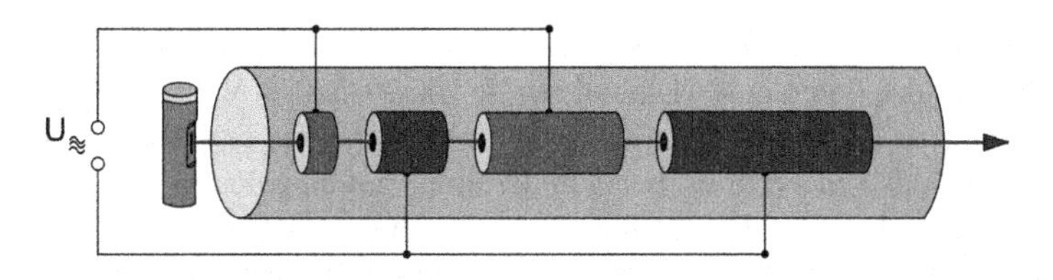

Abb. 2.1 Linearbeschleuniger

Einen wesentlich kompakteren Beschleuniger entwickelten E.O. Lawrence und sein Mitarbeiter M.S. Livingston, indem er die Driftröhren zu Halbkreisen verformte. Ein geeignetes Magnetfeld lenkt dabei die Ionen auf die erforderlichen Kreisbahnen.

Schließlich wurden die Driftröhren durch zwei hohle, halbkreisförmige Elektroden, den sog. Dees, ersetzt, wie in Abb. 2.2 zu sehen ist. Diesen Beschleuniger nannte Lawrence **Zyklotron.** Die relativistische Grenze beim (klassischen) Zyklotron wurde durch die Entwicklung des Synchro- und Isochronzyklotrons überwunden. Wird bei einem Synchrozyklotron die Frequenz der Beschleunigungsspannung an die Massenzunahme der Teilchen angepasst, so wird dies bei dem Isochronzyklotron durch eine geschickte Anpassung des Magnetfeldes erreicht. Ein solcher Magnet besteht aus Sektoren mit unterschiedlichen Feldstärken, den sog. Hills und Valleys. Da bei Zyklotronen, egal welchen Typs, die Endenergie vom Durchmesser der Teilchenbahnen abhängt, erforderen höhere Endenergien immer größere Magnete. Diese waren sehr teuer und kompliziert zu konstruieren. Aus diesem Grund war die Endenergie von Zyklotronen auf einige MeV begrenzt.

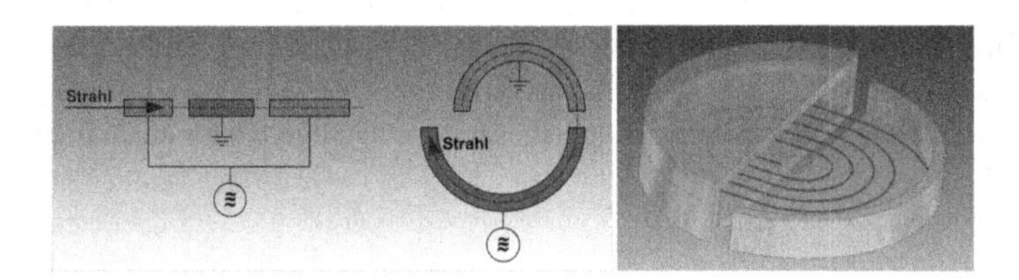

Abb. 2.2 Vom Linearbeschleuniger zum Zyklotron

Das weltgrößte Zyklotron, das sich in der Anlage von TRIUMF, Vancouver BC, Kanada, befindet, liefert eine Maximalenergie von 70–520 MeV für Protonen[5]
Den Sprung zu Energien im Bereich von GeV bis hin zu TeV brachte erst die Entwicklung des Synchrotrons, bei dem der Strahl auf einer festen Bahn umläuft. Möglich wurde diese Art der Beschleunigung durch das Prinzip der starken Fokussierung (Thomas 1938) und der Phasenfokussierung (Veksler und McMillan 1945). Im Jahre 1959 ging das Protonensynchrotron (PS) am CERN in Betrieb. Es lieferte Protonen mit einer Energie von 28 GeV [14]. Eine weitere Erhöhung der verfügbaren Energien – genauer der Energien im Schwerpunktsystem – wurde in Speicherringen oder Collidern erreicht, in denen zwei Teilchenstrahlen in entgegengesetzter Richtung umlaufen und an bestimmten Punkten zur Kollision gebracht werden. Beispiele für solche Speicherringe sind u. a. HERA (**H**adron-**E**lektron-**R**ing-**A**nlage, DESY 1990) und der LHC (CERN 2008).

2.6 Das Zyklotron heute

Aus dem eben Gesagten kann der Leser durchaus den Eindruck gewinnen, dass das Zyklotron, um das es in diesem Buch hauptsächlich geht, eine veraltete und damit „bedeutungslose Variante" eines Beschleunigers ist. Dies ist, zumindest, was die erreichbare Endenergie der Ionen betrifft, durchaus richtig. Trotzdem trifft man diesen Beschleunigertyp noch relativ häufig an, und es gibt einige namhafte Firmen (IBA, GEHealthCare, etc.), die Zyklotrone bauen und verkaufen. Die Maschinen lassen sich auf Grund des einfachen Funktionsprinzips verhältnismäßig preisgünstig herstellen und laufen sehr zuverlässig. Eingesetzt werden sie vorwiegend im medizinischen Bereich, um kurzlebige Elemente für die Krebsdiagnostik zu erzeugen. Aus diesem Grund und wegen der pädagogischen Relevanz der zugrunde liegenden Physik wurde im Rahmen eines regionalen „Forschungsverbundes" zwischen Hochschule und Schule (Schülerforschungszentrum Oberfranken) in Zusammenarbeit mit dem Forschungszentrum Jülich dieser Beschleunigertyp für einen Eigenbau gewählt.

[5] Ausführlichere Informationen vgl. [21].

Das klassische Zyklotron

3

In diesem Kapitel werden der Aufbau und die Funktion eines klassischen, also nicht relativistischen Zyklotrons beschrieben. Insbesondere wird die Rolle des Magnetfeldes als Führungsfeld für den Ionenstrahl behandelt. Weiterhin wird der Beschleunigungsvorgang analysiert und die Beschleunigung als Resonanzeffekt identifiziert. Die für das Weitere wichtige Formel für Umlaufdauer wird hergeleitet und die Konstanz der Zyklotronfrequenz daraus gefolgert.

3.1 Beschleunigung im Spiegel elektrischer und magnetischer Felder

Fabian: Ich habe da zwei Fragen, die mich schon lange beschäftigen: Warum kann man eigentlich Teilchen nur mit elektrischen und nicht mit magnetischen Feldern beschleunigen und schließlich: Warum benutzt man dann bei allen Kreisbeschleunigern magnetische Felder?

Lehrer: Beantworten wir zunächst die erste Frage mit Hilfe der folgenden Abb. 3.1: Befindet sich ein geladenes Teilchen in einem elektrischen Feld, so wirkt in Richtung des Feldes die sog. COULOMB-Kraft, egal ob sich das Teilchen bewegt oder nicht. Das Teilchen wird dadurch in Feldrichtung beschleunigt (d. h. es wird schneller oder abgebremst); die Kraft wirkt hierbei längs des Weges und verrichtet physikalische Arbeit.

Wie aber ist es bei z. B. einem Ion in einem magnetischen Feld? Hier erfährt das Ion die LORENTZ-Kraft – aber nur, wenn es sich nicht parallel zum Magnetfeld bewegt –, die sowohl auf der magnetischen Flussdichte $\vec{B}$ als auch auf der Bewegungs- bzw. Geschwindigkeitsrichtung des Ions senkrecht steht (vgl. Abb. 3.1). Somit kann ein Magnetfeld keine

M. Prechtl und C. Wolf, *Das Lehr-Zyklotron COLUMBUS*, essentials,
https://doi.org/10.1007/978-3-658-29710-7_3

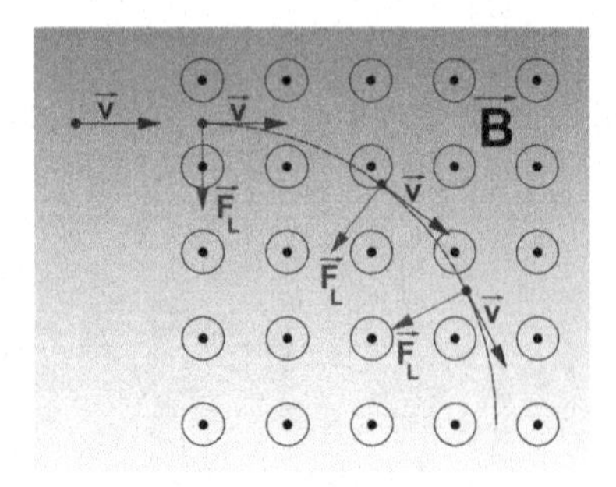

Abb. 3.1 Lorentzkraft

physikalische Arbeit an einem bewegten Ion verrichten[2] und es auch nicht längs der Bahn beschleunigen oder abbremsen.

Sabine: Und wozu braucht man dann das Magnetfeld?

Lehrer: Auch wenn ein Magnetfeld keine physikalische Arbeit an einem Ion verrichtet, so hat es doch Einfluss auf seine Bewegung. Dadurch, dass die LORENTZ-Kraft zu jedem Zeitpunkt senkrecht auf der Bewegungsrichtung steht, wird das Teilchen auf eine Kreisbahn gezwungen; die LORENTZ-Kraft liefert hierfür die notwendige Zentripetalkraft, wie aus der Abb. 3.1 zu ersehen ist.

Ben: Und was bringt das?

Lehrer: Um diese Frage zu beantworten, muss man schon etwas weiter ausholen.

3.2 Lorentz-Kraft und Führungsfeld

Bei einem Kreisbeschleuniger werden die Ionen durch ein homogenes Magnetfeld, welches senkrecht zur Bahnebene der Ionen gerichtet ist, auf kreisförmige Bahnen gelenkt. Dadurch können sie durch die gleiche Spannung mehrfach beschleunigt werden. Diese liegt zwischen zwei hohlen D-förmigen Elektroden, die wegen ihrer Form auch **Dees** genannt werden. Einen solchen Beschleuniger bezeichnet man als **Zyklotron,** der prinzipielle Aufbau ist in Abb. 3.2 zu sehen.

Die beiden Dees werden mit einer Hochspannungsquelle konstanter Frequenz verbunden. Die Amplitude der Wechselspannung liegt bei kleinen Beschleunigern

---

[2] Schließlich gilt für die phys. Arbeit (differenziell): $\mathrm{d}W = \vec{F}\cdot\mathrm{d}\vec{r} = \vec{F}\cdot\vec{v}\,\mathrm{d}t = F\cdot v\,\cos\alpha\,\mathrm{d}t = 0$, falls $\vec{F} \perp \vec{v}$. Hierbei sind $\mathrm{d}\vec{r}$ die infinitesimal kleine Änderung des Ortsvektors $\vec{r}$ des Ions und $\alpha = \angle(\vec{F};\vec{v})$.

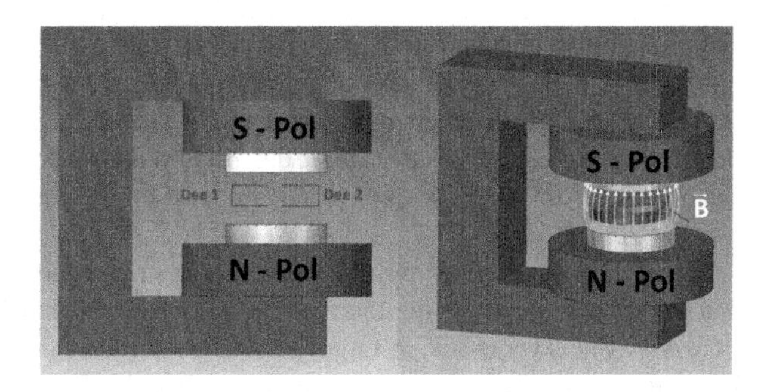

Abb. 3.2 Zyklotron Aufbau

in der Größenordnung von kV, bei großen Zyklotronen kann sie durchaus mehrere hundert kV betragen. In der Mitte zwischen den Dees befindet sich eine Ionenquelle, die in Abb. 3.2 allerdings nicht eingezeichnet ist.

Die Beschleunigung läuft dabei in zwei Phasen ab.

Phase 1: Dee 1 ist negativ gegen Dee 2 (vgl. Abb. 3.3 links).

Die Hochspannung beschleunigt die positiven Ionen aus der Quelle in Dee1 hinein.

Im Dee wird das elektrisches Feld abgeschirmt; auf die Ionen wirkt jetzt nur noch das Magnetfeld, das senkrecht zu den Dees verläuft. Durch dieses Magnetfeld werden die Ionen auf eine Kreisbahn gelenkt und gelangen wieder an den Spalt. In dieser Zeit, in der die Ionen innerhalb von Dee 1 umlaufen, wird die Spannung umgepolt, so dass nun das Dee 1 jetzt positiv gegenüber Dee 2 ist.

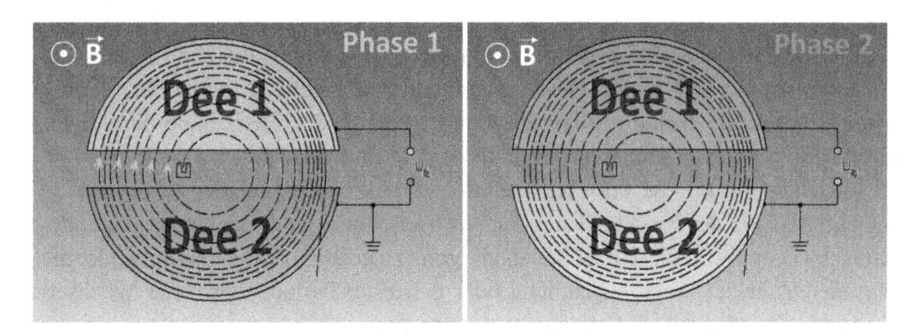

Abb. 3.3 Beschleunigungsphasen

Phase 2: Dee 1 ist positiv gegen Dee 2 (vgl. Abb. 3.3 rechts).

Jetzt beginnt die zweite Phase der Beschleunigung, bei der die Ionen erneut durch dieselbe Spannung beschleunigt werden und in das Dee 2 gelangen.

In dem feldfreien Raum dieses Dees werden sie durch das Magnetfeld wieder auf eine Kreisbahn, jetzt aber mit einem größeren Radius gelenkt und kommen wieder in dem Spalt an.

In dieser Zeit hat sich nun die Wechselspannung wiederum umgepolt und nun wiederholt sich das Spiel so lange bis die Ionen die letzte Bahn erreicht haben und aus dem Zyklotron ausgelenkt oder auf ein Target geschossen werden. Ihre Endenergie ist dabei der Summe der Energien, die sie bei jedem Spaltdurchgang erhalten haben. Es ist dabei wichtig, dass das Magnetfeld selbst keinen Beitrag zum Energiegewinn der Protonen leistet. Das Magnetfeld dient nur dazu, die Teilchenbahn so zu krümmen, dass sie nach jeder Beschleunigung wieder im Spalt ankommen[3]. Man nennt das Magnetfeld daher auch das **Führungsfeld**.

3.3 Resonanzbedingung (Zyklotron-Prinzip)

Während in einem Linearbeschleuniger die Länge der Driftröhren angepasst werden muss, damit die immer schneller werdenden Ionen die Röhren in der gleichen Zeit T durchqueren, ist dies im Zyklotron nicht nötig. Hier ist die Umlaufdauer in den Dees konstant. Diese Tatsache ist ungeheuer wichtig und die Grundlage für den Erfolg dieses Beschleunigers. Wie der Leser in Anhang A nachlesen kann, gilt für die Umlaufdauer T die Beziehung:

$$T = 2\pi \cdot \frac{m}{qB} \tag{3.1}$$

Damit ist die Umlaufdauer T sowohl vom jeweiligen Radius r der (Halb-)Kreisbahn als auch von der Geschwindigkeit v der Ionen unabhängig. T hängt nur von der magn. Flussdichte B und der spezifischen Ladung $\frac{q}{m}$ der Teilchen ab. Sind diese Größen konstant, ist es auch die Umlauf- bzw. Periodendauer.

Entscheidend für die korrekte Funktion dieses Beschleunigers ist die exakte Synchronisation der Periodendauer der Wechselspannung mit der Umlaufdauer der Kreisbewegung. Um diese Resonanzbedingung zu erfüllen, muss man entweder die Periodendauer der Wechselspannung oder bei fester Periodendauer der Wechselspannung das Magnetfeld B entsprechend anpassen.

[3] man beachte auch die Krümmung der Bahnen im Spalt durch das Magnetfeld.

Normalerweise spricht man weniger von der Umlaufdauer als von der Frequenz $f = \frac{1}{T}$ oder der Kreisfrequenz $\omega = 2\pi f$ bzw. der Winkelgeschwindigkeit der Ionen. Für diese Kreisfrequenz, die man in diesem Zusammenhang auch „**Zyklotronfrequenz**" nennt, gilt die wichtige Beziehung:

$$\omega_{\text{Zyk}} = \frac{q}{m} B = \frac{v}{r} \tag{3.2}$$

Wie die Umlaufdauer T ist auch die Zyklotronfrequenz ω_{Zykl} unabhängig vom Radius der jeweiligen Umlaufbahn. Die Bedingung für die resonante Beschleunigung der Ionen lautet dann:

$$\omega_{\text{HF}} = k \cdot \omega_{\text{Zyk}} = k \cdot \frac{v}{r} = k \cdot \frac{q}{m} B \quad \text{mit} \quad k = 1; 3; 5; \ldots \tag{3.3}$$

Diese Bedingung heißt **Zyklotronprinzip.**

Bemerkungen

1. Da die Zyklotronfrequenz konstant ist, ist auch die Frequenz der Beschleunigungsspannung konstant, weshalb man ein derartiges Zyklotron in der englisch sprachigen Literatur ***fixed-frequency cyclotron*** nennt, was übersetzt in etwa ***Zyklotron mit fester Frequenz*** bedeutet. Dieser Umstand vereinfacht die Konstruktion dieses Beschleunigertyps ungemein.
2. Diese Beziehungen gelten in der vorliegenden Form so lange die Masse der Teilchen konstant ist, also keine relativistischen Geschwindigkeiten ($v > 0,1c$) erreicht werden. Das ist bei dem Schul- und Lehrzyklotron COLUMBUS der Fall, die Geschwindigkeiten liegen im Bereich von $v \approx 10^6 \frac{m}{s}$ und somit im klassischen, nicht relativistischen Bereich(vgl. Kap. 4 auf Seite 24).

4 Teilsysteme und ihr Zusammenwirken

Dieses Kapitel gibt einen Überblick über die **Teilsysteme,** die notwendig sind, um Ionen erzeugen und beschleunigen zu können. Sie definieren die Größen, die für die Dimensionierung eines Zyklotrons wichtig sind. Dies sind **Vorgaben,** also gerätespezifische (z. B. den Abmessungen des Magneten) oder zweckmäßig gewählte Parameter (z. B. die Teilchensorte für die Beschleunigung). Aus ihnen werden dann die Werte der **berechneten Größen,** z. B. die Zyklotronfrequenz, ermittelt.
Besondere Bedeutung hat dabei die sog. Steifigkeit des Ionenstrahls, die ein Maß für den Impuls der Ionen darstellt und für die Auswahl des Magneten von großer Bedeutung ist. Außerdem werden grundsätzliche Betrachtungen zur Auswahl der zu beschleunigenden Teilchen gemacht.

4.1 Eine faszinierende Idee

Nachdem unsere Schüler den Vortrag über das Zyklotron gehört haben, äußert Ben einen sehr spannenden Gedanken:

Ben: Ich habe eine coole Idee: Wie wäre es, wenn wir uns einen eigenen Beschleuniger, etwa ein eigenes kleines Zyklotron bauen würden, mit dem wir alles das, was wir eben gehört haben, auch einmal ausprobieren könnten?

Sabine: Das ist eine Superidee; da mache ich auf jeden Fall auch mit.

Lehrer: Halt, halt, ich glaube, ich muss euren Enthusiasmus etwas bremsen. Ich will gar nicht von den Kosten reden und von den Gefahren, Stichwort Strahlenbelastung, sondern ich frage euch, wohin wollt ihr euer Zyklotron stellen? Ein Zyklotron erfordert nämlich ein ganzes Gebäude, das

M. Prechtl und C. Wolf, *Das Lehr-Zyklotron COLUMBUS*, essentials,
https://doi.org/10.1007/978-3-658-29710-7_4

besondere Anforderungen hinsichtlich der Sicherheit erfüllen muss. Das ist nicht so einfach, wie ihr vielleicht denkt.

Ben: Nein, nein, so meine ich das nicht. Ich denke bei meiner Idee nicht an ein, sagen wir, professionelles Zyklotron, mit dem man Kernumwandlungen machen und neue Teilchen erzeugen kann, sondern an ein Kleinzyklotron, das nur das Prinzip verständlich macht, wobei die Ionen eine so geringe Energie haben, dass man den Betrieb des Zyklotrons quasi nebendran live miterleben kann. Der Teilchenstrahl braucht dabei nicht einmal ausgelenkt zu werden.

Lehrer: Ich gebe aber zu bedenken, dass ein reales Zyklotron nicht ganz so einfach ist, wie es die Theorie suggeriert.

Fabian: Weshalb nicht? Stimmen etwa die Formeln nicht?

Lehrer: Die Formeln sind sicher korrekt, aber ein reales Zyklotron besteht ja nicht nur aus dem Magneten und den beiden Dees, sondern aus einer ganzen Menge von weiteren Komponenten, ohne die eine Beschleunigung von Ionen gar nicht möglich ist.

Sabine: Und um welche Systeme handelt es sich dabei noch?

4.2 Wirkungsgefüge eines Zyklotrons

Bevor man an den Nachbau eines Zyklotrons geht, muss man sich darüber im Klaren sein, was man benötigt, um Ionen überhaupt erzeugen und beschleunigen zu können. Das in Abb. 4.1 abgebildete **Wirkungsgefüge** gibt einen Überblick über das gesamte System:
Die einzelnen Elemente des Wirkungsgefüges sind dabei:

- die fünf **Teilsysteme,**
- die **Vorgaben** für die Dimensionierung, dargestellt in grünen Kreisen,
- und die **berechneten Größen** in den blauen Kreisen,

Teilsysteme
Bei den fünf Teilsystemen handelt es sich im einzelnen um

- das **Magnet-System,** das das Führungsfeld liefert,
- das **Beschleunigungs-System,** das für die Hochspannung sorgt,
- das **Ionen-System,** verantwortlich für die Produktion der Ionen,
- das **Vakuum-System,** das das erforderliche Vakuum zur Verfügung stellt,
- und schließlich das **Detektor-System,** das die beschleunigten Teilchen registriert.

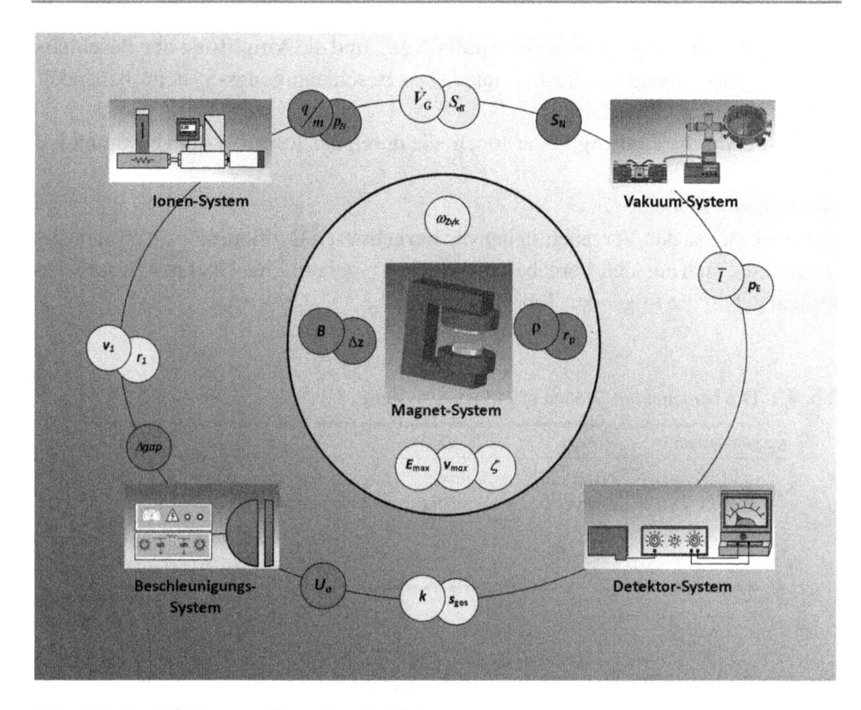

Abb. 4.1 Das Wirkungsgefüge eines Zyklotrons

Vorgaben

Die **Vorgaben** in den grünen Kreisen sind zum einen gerätespezifische Größen. Dazu gehören:

- der **Radius der Magnetpole** r_{p} und der **maximale Bahnradius** ϱ, der sowohl von den Abmessungen der Magnetpole als auch von dem Durchmesser der Dees abhängt.
- das **Nenn-Saugvermögen** S_{N} des Pumpstands des Vakuumsystems

Zum anderen handelt es sich bei den *Vorgaben* um geeignet gewählte Größen, wie

- die **magnetische Flussdichte** B und den Polabstand Δz; sie werden im Kapitel „Das Magnet-System" festgelegt

- die **Breite des Beschleunigungsspalts** Δgap und die **Amplitude der Beschleunigungsspannung** U_0, die im Kapitel „Das Beschleunigungs-System" behandelt wird und schließlich
- die **spezifische Ladung** $\frac{q}{m}$ der Ionen, die durch das Ionen-System bestimmt ist.

Berechnete Größen
Im Gegensatz zu den Vorgaben stehen die **berechneten Größen,** also die Systemparameter, die sich aus den Vorgaben rechnerisch ergeben. Eine Übersicht über diese Größen geben die folgenden Tab. 4.1, 4.2 und 4.3:

Tab. 4.1 Die berechneten Größen des Magnet-Systems

Magnet-System	ω_{zyk}	ζ	v_{max}	E_{max}
Größe	Zyklotron-frequenz	magn. Steifigkeit	End-geschwindigkeit	Endenergie
Formel	$\frac{q}{m}\cdot B$	$B\cdot\rho$	$\frac{q}{m}\cdot\zeta$	$\frac{q^2}{2m}\cdot\zeta^2$

Tab. 4.2 Die berechneten Größen des Beschleunigungs-Systems

Beschleunigungs-System	v_1	r_1	s_{ges}	k
Größe	Geschwindigkeit der ersten Bahn	Radius	gesamte Bahnlänge	Anzahl d. Beschleunigungen
Formel	$\sqrt{2\cdot\frac{q}{m}\cdot U_0}$	$\frac{v_1}{\omega_{Zyk}}$	$r_1\pi\cdot\sum_{i=1}^{k}\sqrt{i}+k\cdot\Delta gap$	$\frac{E_{max}}{q\cdot U_0}$

Tab. 4.3 Die berechneten Größen des Vakuum-Systems

Vakuum-System	S_{eff}	$\bar{l}$	p_E	$\dot{V}_G$
Größe	effektives Saugvermögen	mittl. freie Weglänge	Enddruck in der Kammer	maximale Gaslast Wasserstoff
Formel	$\frac{1}{S_{eff}}=\frac{1}{S_N}+\frac{1}{G_L}$	$\geq s_{ges}$	$\frac{k_B\cdot T}{\sigma\cdot\bar{l}}$	$\frac{p_E}{p_{H_2}}\cdot S$
	G_L: Strömungsleitwert vgl. Anh. C		σ: Stoßquerschnitt vgl. Kap.8	p_{H2}: Druck, mit dem H_2 eingeleitet wird (Kap.8)

4.3 Grundsätzliche Überlegungen vor dem Bau des Zyklotrons

Welche Konsequenzen können wir aus dem Wirkungsgefüge für den Nachbau des Zyklotrons ziehen?

Offensichtlich ist ein Zyklotron ein komplexes System sorgfältig aufeinander abgestimmter Teilsysteme. Während die Beschreibung der einzelnen Teilsysteme den folgenden Kapitel verfolgt, sollen jetzt einige notwendige Überlegungen zum Nachbau angestellt werden.

Die Teilchenwahl

Die Auswahl der zu beschleunigenden Ionen hat auf nahezu alle Systeme Einfluss und muss daher vor Beginn der Arbeiten geklärt werden.

Welche Kriterien spielen hierbei eine Rolle?
Die Ionen sollen möglichst unkompliziert und gefahrlos zu gewinnen sein, um das Ionen-System einfach zu halten. Somit scheiden schwere Ionen von vorneherein aus.

Orientiert man sich an den gängigen Beschleunigern, so werden dort meist Wasserstoff-Ionen beschleunigt. Sie lassen sich aus Wasserstoffgas durch Stoßionisation einfach herstellen. Zudem ist Wasserstoff in einem Hydrostick in kleinen und damit ungefährlichen Mengen erhältlich. Der Hydrostick kann mit 10 L Wasserstoff bei einem Druck von 10 bar gefüllt werden und ist zudem mit einem Preis von unter 40 EUR recht günstig.

Ein Nachteil ist die relativ hohe Permeation von Wasserstoff durch Schläuche und Kanülen; dies betrifft insbesondere die Ionenquelle.

Auf Grund der einfachen Beschaffung und der Tatsache, dass sich Wasserstoff als das leichteste Element für eine Beschleunigung besonders gut eignet, wurde es als Ausgangsstoff für die Ionen gewählt.

Bei dem Ionisierungsprozess entstehen zwei Arten von Ionen: Zum einen einfach geladene atomare Wasserstoff-Ionen H^+ (Protonen) und ebenfalls einfach geladene Molekül-Ionen H_2^+. Ihre Eigenschaften sind in Tab. 4.4 zusammengefasst.

Tab. 4.4 Die Wasserstoff-Ionen

	Protonen	H_2^+
q | As	$1{,}602 \cdot 10^{-19}$	$1{,}602 \cdot 10^{-19}$
m | kg	$1{,}673 \cdot 10^{-27}$	$3{,}345 \cdot 10^{-27}$
$^q/_m$ | $^{As}/_{kg}$	$9{,}579 \cdot 10^{7}$	$4{,}789 \cdot 10^{7}$

Steifigkeit des Ionenstrahls

Eine weitere wichtige Entscheidung, die vorab getroffen werden muss, ist die nach der maximalen Geschwindigkeit v_{max} der Ionen. Sie soll im nicht relativistischen Bereich ($\beta = \frac{v}{c} \ll 1$) liegen. Diese Bedingung vereinfacht den Nachbau sowohl theoretisch als auch praktisch, weil dadurch die Anforderungen vor allem an den Magneten deutlich sinken. Ein Maß für diese Anforderungen ist die **magnetischen Steifigkeit** $\zeta = B\varrho$, für die hier willkürlich der griechische Buchstabe ζ gewählt wurde.

Die Größe ist zudem über die Beziehung:

$$p_{\text{max}} = m v_{\text{max}} = q\,(B\varrho) = q\,\zeta \tag{4.1}$$

auch ein direktes Maß für den Impuls des Ionenstrahls und damit eine wichtige Eigenschaft der beschleunigten Ionen. Sie bestimmt die maximal erreichbare Energie der Ionen und diese ist somit nur vom Magnetfeld und dem Radius der Austrittsbahn ϱ abhängig, nicht aber von der Amplitude der Beschleunigungsspannung.

Da der Austrittsradius ϱ in der Regel (aber nicht immer) gleich dem Radius r_P der Magnetpole ist, erfordert eine größere Energie auch einen Magneten mit größeren Polen. Weil aber Magnete nicht beliebig groß gebaut werden können, ergibt sich aus seinen Abmessungen eine obere Schranke für die Maximalenergie eines Zyklotrons.

Mit Hilfe des Diagramms 4.1 kann man sich eine Vorstellung von der Steifigkeit und deren Auswirkung machen. So gewinnt man einen guten Überblick über das Zyklotron und vor allem über seinen Magneten.

Beträgt die Steifigkeit etwa 0,040 Tm, so liest man ab, dass die maximale Energie von Protonen ca. 76 keV, die von H_2^+-Ionen 38 keV beträgt. Die maximalen Geschwindigkeiten betragen dann etwa $3,8 \cdot 10^6 \frac{\text{m}}{\text{s}}$ bzw. $1,9 \cdot 10^6 \frac{\text{m}}{\text{s}}$.

Jetzt stellt sich die Frage nach einem geeigneten Magneten für das erwähnte Beispiel. Diese lässt sich unter Verwendung des Diagramms 4.2 leicht beantworten:

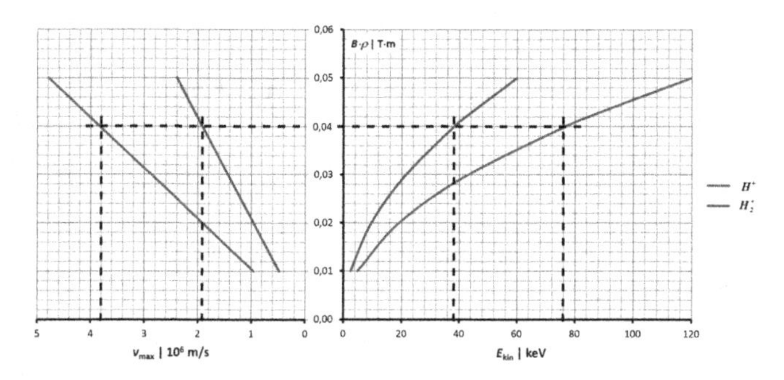

Diagramm 4.1 Steifigkeit

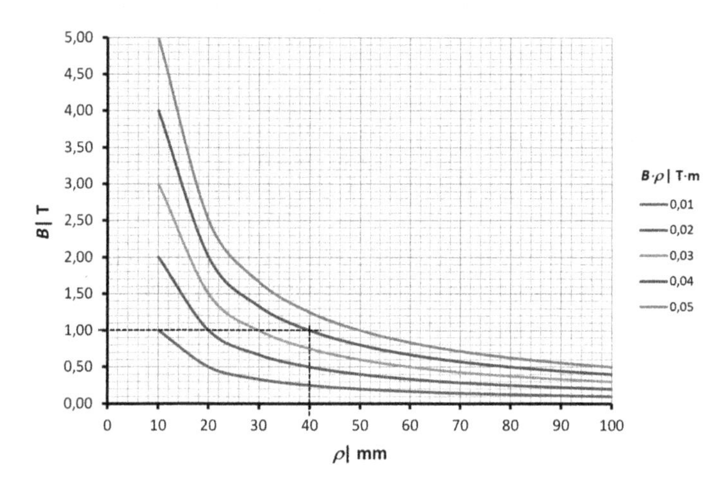

Diagramm 4.2 Die B-ρ-Abhängigkeit

Mit der Kurve für $B\varrho = 0{,}04$ Tm findet man z. B. einen Magneten mit einer Flussdichte von 1,0 T und einem Polradius von mindestens 40 mm.

Interessant ist noch die Frage nach der relativistischen Grenze, also den Bedingungen, ab denen man nicht mehr klassisch rechnen kann. Welchen Magneten würde man benötigen, um in diesen Bereich zu kommen? Geht man davon aus, dass dies für Geschwindigkeiten größer als 10 % der Lichtgeschwindigkeit, also $v > 0,1c = 3 \cdot 10^7 \frac{\text{m}}{\text{s}}$ der Fall ist, so erhält man für die Steifigkeit und die zugehörige Energie die in Tab. 4.5 berechneten Werte:
Diese Bedingungen würden beispielsweise die Magnete aus Tab. 4.6 erfüllen:

Tab. 4.5 Relativistische Grenze

	H^+- Ionen	H_2^+- Ionen
$B \cdot \rho$ | Tm	0,31	0,63
E_{kin} | MeV	4,7	9,4

Tab. 4.6 Mögliche Magnete

	ρ | mm	50	60	70	80	90	100
H^+	B | T	6,2	5,2	4,4	3,9	3,4	3,1
H_2^+	B | T	12,6	10,5	9,0	7,9	7,0	6,3

Hätten die Pole eines geeigneten Magneten beispielsweise einen Radius von 70 mm, so müsste der Magnet eine Flussdichte von 4,4 bzw. 9,0 T liefern, um Protonen bzw. H_2^+-Ionen auf die gewünschte Mindestgeschwindigkeit beschleunigen zu können[1].

Für $\zeta \leq 0,3$ Tm ist man demnach im nichtrelativistischen Bereich.

Aus dem eben Gesagten wird klar, dass der Magnet das zentrale Element unseres Schul- und Lehrzyklotrons sein wird. Um diesen Magneten herum müssen dann die anderen Teilsysteme geeignet konstruiert werden.

[1]Das 520-MeV-Zyklotron von TRIUMF hat einen Magneten mit einem Durchmesser von 17,7 m. Er liefert eine maximale Flussdichte von 3,0 T im Zentrum bis ca. 5,8 T im Außenbereich, was dort eine Steifigkeit von über 100 Tm ergibt.

Das Magnetsystem 5

Auf Grund der besonderen Bedeutung des Magneten für das Zyklotron beginnen Verwirklichung und Dimensionierung des Beschleunigers mit dem Magnetsystem. Dieses besteht aus den folgenden Komponenten:

- dem Magneten mit Kühlsystem
- der Hallsonde
- dem Netzteil mit Dreiecksgenerator

In diesem Kapitel werden die genannten Komponenten beschrieben und anschließend werden die Größen ζ, v_{max}, E_{max} und ω_{Zyk} berechnet.

5.1 Auf der Suche nach einem Magneten

Sabine: Unser größtes Problem ist wohl der Magnet, der ja ein homogenes Magnetfeld mit ausreichender Flussdichte erzeugen kann. Woher wir so einen Magneten bekommen sollen, weiß ich beim besten Willen nicht.

Fabian: Einen Magneten genau nach Maß zu bestellen, ist sicher zu teuer. Vielleicht können wir ja einen Gebrauchten bekommen.

Lehrer: Das wäre tatsächlich ein mögliches Vorgehen; ich schlage vor, ihr sucht einmal im Internet und ich werde mich einmal umhören und einige Institute anschreiben, ob die uns für unsere Versuche einen geeigneten Magneten, vielleicht sogar mit Netzteil zur Verfügung stellen können. Vielleicht haben wir ja Glück.

M. Prechtl und C. Wolf, *Das Lehr-Zyklotron COLUMBUS*, essentials,
https://doi.org/10.1007/978-3-658-29710-7_5

5.2 Der Elektromagnet

Tatsächlich hatten die Anfragen Erfolg.
Für den Bau des Schülerzyklotrons stellte das Forschungsinstitut Jülich einen Experimentiermagneten vom Typ BE-15 der Fa. Bruker inklusive Netzteil (vgl. Abb. 5.1 links) zur Verfügung.

Die technischen Daten dieses Magneten können aus dessen Datenblatt Tab. 5.1 abgelesen werden:

Zudem sind noch zwei Kennlinien (Diagramm 5.1) verfügbar.

Die linke Kennlinie zeigt die magn. Flussdichte B_0 im Zentrum als Funktion der Spulenstromstärke für verschiedene Polabstände. In Rot ist die durch das Netzteil bedingte, maximal zulässige Stromstärke von 30 A markiert. Rechts sieht man die Abweichung ΔB von der zentralen, maximalen Flussdichte B_0 in Abhängigkeit von der radialen Entfernung zur Magnetachse. Man darf sich durch den Maßstab nicht täuschen lassen. Bei allen drei zentralen Feldstärken beträgt die relative Inhomogenität bei $r = 70\,\text{mm}$ maximal nur 0,02 % bzgl. B_0.

Abb. 5.1 Magnet und Hallsonde

Tab. 5.1 Technische Daten

Technische Daten für den Magneten B-E15

Mechanische Daten				
Polkerndurchmesser	150	mm	6"	
Spulenspalt	120	mm	4,8"	
Luftspaltweite variabel	5 - 100	mm	0,2" - 4"	
Gewicht	430	kg		

empfohlener Kühlwasserdurchfluss				
bei 3 kW	10	l/min bei	0,5	bar
max.	15	l/min bei	1	bar
Schlauchanschluss	1/2 "			

Elektrische Daten				
Erregungswicklungen	2 x 800	Wdgn	2 x ca. 1,4	Ω kalt
Dauerstrom | Spule	30 | 15	A		
Kurzzeit-Strom | Spule	40 | 20	A		

Gesamterregung		
bei 1,2 kW	32 000	AW
bei 3,0 kW	48 000	AW
bei 6,0 kW	64 000	AW

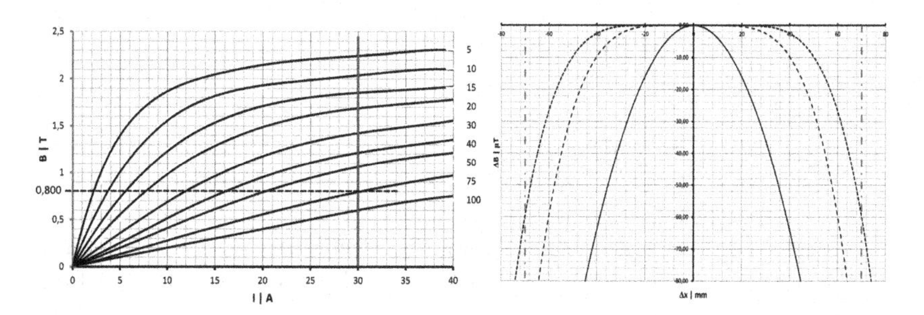

Diagramm 5.1 Kennlinien (rote Linie: max. Stromstärke des Netzteils)

5.3 Peripherie

Das Netzteil

Das Netzteil hat eine maximale Ausgangsleistung von 3 kW; mit der größten Ausgangsspannung von 100 V sind Stromstärken bis zu 30 A möglich. Es kann über zwei zusätzlich eingebaute Buchsen mit einem Dreiecksgenerator verbunden werden, der eine lineare Steuerspannung von 0 ... 10 V mit einer Frequenz von 0,005 Hz liefert. Mit dieser Steuerspannung wird der Spulenstrom und damit auch die Flussdichte B des Magneten kontinuierlich herauf- und heruntergefahren.

Das Kühlsystem

Im Betrieb müssen die Spulen des Magneten mit Wasser gekühlt werden, Dies geschieht durch ein (von Schülern selbst entwickeltes) Kühlsystem, das mit Hilfe einer Heizungspumpe für den notwendigen Durchfluss von ca. $10\frac{\mathrm{l}}{\mathrm{min}}$ sorgt. Ein Druckausgleichsgefäß stellt den notwendigen Betriebsdruck von ca. 1 bar während des Betriebs her. Sollte das Kühlsystem einmal ausfallen, so wird der Magnet über einen Notschalter abgeschaltet.

Das Messsystem für die Flussdichte

Die jeweilige Flussdichte B des Magnetfeldes ist eine für den Betrieb des Zyklotrons wichtige Größe. Aus diesem Grunde wird sie durch eine Hallsonde gemessen, die sich in der Mitte des Deckels der Vakuumkammer, befindet (vgl. Abb. 5.1 rechts). Ein Steuergerät liefert eine zur Flussdichte proportionale Spannung, die für die weitere Auswertung verwendet wird.

5.4 Die Dimensionierung

Polabstand

Da das vorhandene Netzteil maximal 30 A Spulenstrom zulässt, kennzeichnet der rote Balken in Diagramm 5.1 die maximal möglichen magn. Flussdichten, die jetzt nur noch vom Abstand Δz der beiden Pole abhängen. Dieser ist gleich der Höhe h der Vakuumkammer. Wie an späterer Stelle noch ausgeführt wird[1], ist sie baubedingt ca. 100 mm hoch, konnte später aber durch eine im Deckel eingefräste Vertiefung auf 75 mm reduziert werden.

Steifigkeit

Die maximale Geschwindigkeit und die Endenergie der Ionen werden aus der Steifigkeit $B\rho$ berechnet. Hierfür müssen die Flussdichte B und der maximale Bahnradius ρ bekannt sein. Da der Innendurchmesser des Dees 140 mm beträgt, hat ρ den Wert 70 mm und ist damit um 5 mm kleiner als der Polradius r_{Pol}.

Um den Magneten nicht zu überlasten, sollte er im Dauerbetrieb höchstens mit der Hälfte des maximalen Spulenstroms betrieben werden. Aus dem Diagramm 5.1 liest man für diesen Strom einen Wert zwischen 300–400 mT für die Flussdichte ab. Zusammen mit der Homogenitätskurve wurde schließlich $B = 370\,\mathrm{mT}$ gewählt, weil bei diesem Wert die Homogenität des Magnetfeldes am besten gewährleistet ist. Da die Steifigkeit $\zeta = B \cdot \varrho = 0{,}026\,\mathrm{Tm}$ wesentlich kleiner ist als 0,31 Tm, der Wert für die relativistische Grenze[2], kann man beim Zyklotron COLUMBUS stets klassisch d. h. ohne Berücksichtigung relativistischer Effekte rechnen.

Zyklotronfrequenz

Mit dem gewählten Wert B_0= 370 mT lassen sich die Zyklotronfrequenzen für Protonen und H_2^+-Ionen berechnen (vgl. Tab. 5.2).

Mit einer Beschleunigungsspannung der Frequenz von 5,64 MHz werden Protonen in einem Magnetfeld von B_0 = 370 mT resonant beschleunigt. Unter diesen Bedingungen wäre für die H_2^+-Ionen die Umlaufdauer doppelt so groß; sie würden dann den ersten Halbkreis im Dee nicht phasenrichtig zum elektr. Wechselfeld verlassen. Abb. 5.2 zeigt die beiden Situationen.

[1] vgl. Abschn. 7.3 Vakuumkammer

[2] vgl. Tab. 4.5

Tab. 5.2 Zyklotronfrequenz

	H^+	H_2^+
ω_{Zyk} | $10^6\,s^{-1}$	35,4	17,7
f_{Zyk} | MHz	5,64	2,82

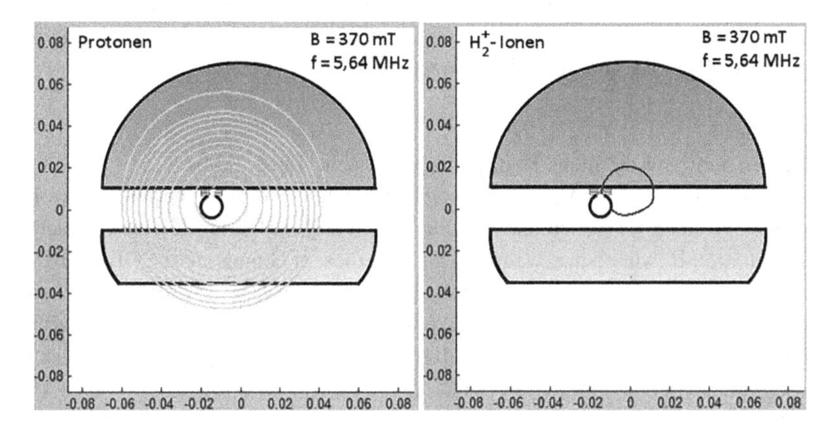

Abb. 5.2 Beschleunigung bei 5,64 MHz

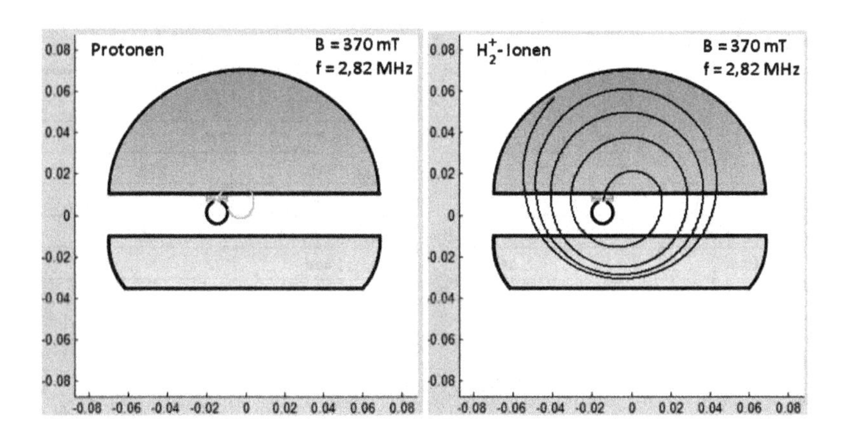

Abb. 5.3 Beschleunigung bei 2,82 MHz

Will man dagegen H_2^+-Ionen bei demselben Magnetfeld ebenfalls resonant beschleunigen, muss man die Frequenz der Beschleunigungsspannung um die Hälfte auf 2,82 MHz reduzieren, allerdings mit der Folge, dass nun für Protonen die Zyklotron-Bedingung nicht mehr gilt und sie schon auf ihrer ersten Bahn die Ionenquelle nicht umrunden können, wie in Abb. 5.3 gezeigt ist.

Eine andere Möglichkeit besteht darin, die Frequenz von 5,64 MHz beizubehalten und das Magnetfeld auf $B = 740\,\mathrm{mT}$ zu erhöhen. Letzteres ist aber bei der vorliegenden Geometrie des Magneten nicht möglich, da dies einen Spulenstrom von ca. 30 A im Dauerbetrieb erfordern würde.

Ergebnis

Es liegen nun zwei mögliche Konfigurationen (siehe Tab. 5.3) vor.

Konfiguration I bietet die Möglichkeit durch Erhöhen des Magnetfeldes sowohl Protonen als auch H_2^+-Ionen resonant zu beschleunigen. Diese Möglichkeit bietet Konfiguration II, wie oben erwähnt, nicht. Aus diesem Grunde wird COLUMBUS in den meisten Experimenten mit einer Frequenz von $f = 2{,}82\,\mathrm{MHz}$ betrieben. Es ist nämlich leichter, das Magnetfeld von 185 mT auf 370 mT zu erhöhen als die Frequenz von 2,82 MHz auf 5,64 MHz. In den späteren Experimenten hat sich weiterhin gezeigt, dass es sich mit einer Zyklotronfrequenz von $f_{\mathrm{Zyk}} = 2{,}82\,\mathrm{MHz}$ generell besser experimentieren lässt als mit 5,64 MHz. Dies ist auf die bessere Abstimmbarkeit des HF-Systems bei der kleineren Frequenz zurückzuführen.

Tab. 5.3 Ergebnis

Konfiguration I	H^+	H_2^+
B | mT	185	370
f_{Zyk} | MHz	2,82	
ζ | Tm	0,013	0,026
v_{max} | 10^6 m/s	1,24	
E_{max} | keV	8,0	16

Konfiguration II	H^+	H_2^+
B | mT	370	*(740)*
f_{Zyk} | MHz	5,64	
ζ | Tm	0,026	*(0,052)*
v_{max} | 10^6 m/s	2,48	
E_{max} | keV	32	*(64)*

Das Beschleunigungssystem 6

Im letzten Kapitel wurde die Bedeutung des Magneten herausgearbeitet. Das Magnetfeld und nicht die Beschleunigungsspannung bestimmt die Endenergie der Ionen. In diesem Kapitel geht es nun um die Beschleunigungsspannung, ihre Erzeugung und die Einkoppelung in das Zyklotron. Hierfür ist das Hochfrequenzsystem (HF – System) zuständig. Dieses besteht aus:

- der HF-Quelle
- der Koppelstufe
- den beiden Beschleunigungselektroden Dee und Dummy-Dee

Weiterhin werden in diesem Kapitel Bahndaten wie Radius und Geschwindigkeit der Anfangsbahn berechnet. Schließlich wird gezeigt, welchen Einfluss die Beschleunigungsspannung auf die Anzahl der Umläufe hat. Eine Formel für die gesamte Weglänge s_{ges} der Ionenbahn rundet dieses Kapitel ab.

6.1 Mit welcher Spannung soll man beschleunigen?

Fabian: Wir haben ja gelernt, dass die erreichbare Endenergie nur vom Magnetfeld und dem maximalen Radius ρ abhängt und nicht von der Beschleunigungsspannung. Irgendwie will das nicht in meinen Kopf: Die Formeln, gut und schön, aber mit einer höheren Beschleunigungsspannung „überträgt" man doch auch eine größere kinetische Energie auf die Ionen, oder nicht?

Lehrer: Das schon, aber diese Energieübertragung – genauer gesagt, das Verrichten von phys. Arbeit – findet ja bei jedem Beschleunigungsvorgang statt und von denen haben wir pro Umlauf zwei an der Zahl. Somit erhält das Ion

M. Prechtl und C. Wolf, *Das Lehr-Zyklotron COLUMBUS*, essentials,
https://doi.org/10.1007/978-3-658-29710-7_6

bei einer höheren Beschleunigungsspannung zwar mehr Energie bei einem Spaltdurchlauf und erreicht daher die Endenergie mit weniger Umläufen. Ist die Spannung geringer, muss das Ion eben öfters umlaufen. Du musst dir das so vorstellen: Die Endenergie der Ionen ist so etwas wie die Höhe einer Leiter und die Beschleunigungsspannung ist dann der Abstand der einzelnen Sprossen. Wie die Höhe der Leiter auch nur von den Holmen und nicht von dem Abstand der Sprossen abhängt, so hängt eben die Endenergie nur vom Magneten ab, und die Beschleunigungsspannung bestimmt, wie viele Beschleunigungen man braucht, um diese maximale Energie zu erreichen.

Sabine: Jetzt verstehe ich: Wenn wir, wie im letzten Kapitel berechnet, 32 keV Energie erreichen wollen, dann brauchen wir bei einer Beschleunigungsspannung von 1 kV eben 32 Beschleunigungen oder 16 Umläufe, bei 2 kV nur 16 Beschleunigungen oder 8 Umläufe usw.

Ben: Dann können wir also unsere Beschleunigungsspannung wählen wie wir wollen?

Lehrer: Prinzipiell ja, aber wir müssen schon ein paar Dinge beachten. Für die Beschleunigung an sich ist zunächst die Amplitude entscheidend. Ist diese nämlich zu klein, dann schaffen es die Ionen nicht auf ihrer ersten Bahn die Ionenquelle zu umrunden. Da der Radius proportional zur Geschwindigkeit und diese wiederum proportional zur Wurzel aus der Amplitude der Beschleunigungsspannung ist, muss letztere groß genug gewählt werden. Zu groß darf sie auch nicht werden, da wir dann mit elektr. Überschlägen zu rechnen haben und außerdem kann es dann auch gefährlich werden. Bitte bedenkt, dass bei zu großen Spannungen auch Röntgenstrahlung entstehen kann. Mit Spannungen kleiner als 2–3 kV sind wir auf der sicheren Seite. Somit werden wir uns zunächst um die Amplitude unserer Beschleunigungsspannung und deren Auswirkungen auf den Beginn der Beschleunigungsphase kümmern. Zum Glück haben wir ja unser Wirkungsgefüge, das uns hierbei gute Dienste leisten wird.

Ben: Und dann? Worauf müssen wir noch achten?

Lehrer: Dann müssen wir bedenken, dass es sich bei unserer Beschleunigungsspannung um eine hochfrequente Wechselspannung handelt, die sich anders benimmt als Gleichspannung.

Fabian: Wie meinen Sie das „anders benimmt als Gleichspannung“?

Lehrer: Unser Zyklotron oder besser gesagt, das Dee wirkt wie ein Kondensator mit einer (Eingangs)Impedanz[2], also einem frequenzabhängigen Wechselstromwiderstand. Unsere Wechselspannungsquelle hat ebenfalls eine (Ausgangs)Impedanz, die im übrigen standardmäßig 50 Ω beträgt. Würde man nun den Ausgang der Spannungsquelle direkt mit dem Dee verbinden, würde kaum Leistung für die Beschleunigung übrig bleiben. Das wäre in etwa so, als ob ihr versucht, Wasser aus einen 10 L Eimer (Ausgangsimpedanz: 50 Ω) direkt über einen dünnen Strohhalm (Eingangsimpedanz: 330 kΩ) in ein Glas (Dee) zu füllen.

Sabine: Aber da gibt es doch eine ganz einfache Lösung: Man verwendet einfach einen Trichter und schon klappt's.

Lehrer: Genau Sabine, das ist in der Tat die Lösung. Und so einen Trichter nennt man in unserem Fall eine Koppelstufe oder Matchbox, die die niedrige Ausgangsimpedanz der Spannungsquelle an die hohe Eingangsimpedanz des Zyklotrons anpasst. Darüber sprechen wir dann, nachdem wir die Amplitude geeignet festgelegt haben. Also Leute, an die Arbeit!

6.2 Die Amplitude U_0 der Beschleunigungsspannung

So wie das Magnetfeld das Ende der Beschleunigung festlegt, so bestimmt die Spannung, genauer die Amplitude U_0 den Beginn der Beschleunigung und vor allem den Radius r_1 und die Geschwindigkeit v_1 auf der Anfangsbahn innerhalb des Dees[3]. Eine Übersicht über diese Werte gibt Tab. 6.1:

Ob die Ionen allerdings die Ionenquelle passieren können, muss der weitere Verlauf der Bahn im Spalt unter dem Einfluss des elektrischen und magnetischen Feldes zeigen. Hier darf bei den relativ geringen Geschwindigkeiten die ablenkende Wirkung des Magnetfeldes nicht vernachlässigt werden. Abb. 6.1 visualisiert verschiedene Bahnen für ausgewählte Spannungen U_0 (links für Protonen und rechts für H_2^+-Ionen).

Wie Abb. 6.1 zeigt, sind Protonen ab $U_0 \geq 200$ V und H_2^+-Ionen ab $U_0 \geq 400$ V – bereits beim ersten Umlauf – hinreichend weit von der Ionenquelle entfernt.

[2]Diese beträgt nach aktuellen Messungen ca. 330 kΩ.

[3]Aus Gründen der Spannungsfestigkeit der Durchführung ist $U_0 \leq 3000$ V.

Tab. 6.1 Radien und Geschwindigkeiten auf den Anfangsbahnen

	U_0 | V	100	200	400	1000	2000	B | mT
H^+	v_1 | 10^5 m/s	1,4	2,0	2,8	4,4	6,2	185
	r_1 | mm	7,8	11,1	15,7	24,7	35,0	
H_2^+	v_1 | 10^5 m/s	1,0	1,4	2,0	3,1	4,4	370
	r_1 | mm	5,5	7,8	11,0	17,5	24,7	

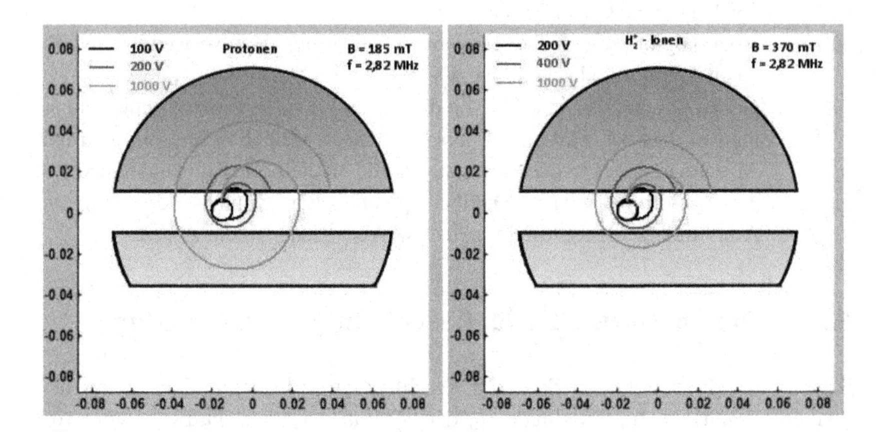

Abb. 6.1 Anfangsbahnen

6.3 Die Hochfrequenzeinheit

Die Beschleunigungsspannung wird in der HF-Quelle erzeugt. Wie bereits erwähnt, muss die Spannung durch eine Koppelstufe[4] an den Resonator, bestehend aus Dee und Dummy-Dee im Zyklotron angepasst werden.
Das Blockschaltbild Abb. 6.2 veranschaulicht die Situation.

Erzeugung und Einkopplung der Beschleunigungsspannung

Die Beschleunigungsspannung ist eine Wechselspannung mit einer Amplitude bis 3 kV bei einer Frequenz von mehreren MHz. Die benötigte Leistung lässt sich dabei wie folgt abschätzen:

---

[4] Idee und Schaltung nach Prof. Dr. J. Jirmann, Hochschule für angewandte Wissenschaften Coburg, 2016.

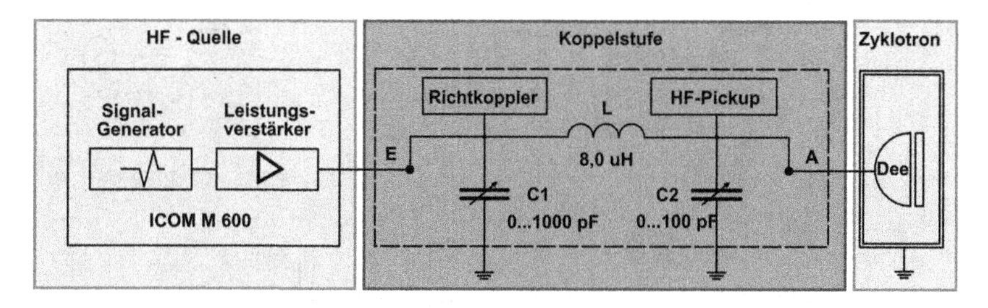

Abb. 6.2 HF-Einheit Blockschaltbild

$$P_{\text{eff}} = \frac{U_{\text{eff}}^2}{R} = \frac{U_0^2}{2R} = \frac{2000^2\ \text{V}^2}{2 \cdot 3{,}3 \cdot 10^5\ \frac{\text{V}}{\text{A}}} \geq 6\ \text{W} \tag{6.1}$$

Eine kostengünstige Möglichkeit einer Hochspannungsquelle mit Frequenzen von mehreren MHz und ausreichender Leistung stellen Seefunktransceiver dar. Der hier verwendete Transceiver, ein ICOM M 600, liefert in der Betriebsart H3E[5] eine sinusförmige Spannung ($Amplitude \approx 70\,\text{V}$) im Frequenzbereich von 0,5–35 MHz mit einer abgegebenen Leistung von ungefähr 45 W an 50 Ω Ausgangsimpedanz.

Wie anfangs bereits erwähnt, muss die niedrige Ausgangsimpedanz (50 Ω) der HF-Quelle an die hohe Eingangsimpedanz (330 kΩ) angepasst werden. Außerdem ist die Ausgangsspannung von 70 V auf 3000 V zu transformieren. Beide Aufgaben werden von der Koppelstufe oder Matchbox erledigt.

Das Herz der Koppelstufe bildet ein sog. Pi- oder Collinsfilter. Wie in dem Blockschaltbild von Abb. 6.2 mittlerer lila Kasten gezeigt, besteht es aus zwei abstimmbaren Kondensatoren mit den Kapazitäten C_1 und C_2, die über eine Spule (Induktivität L) miteinander verbunden sind; dadurch entsteht so etwas wie der Buchstabe Pi, und daher kommt auch der Name dieser Schaltung. Ganz grob kann man sich die Funktion so erklären: C_1 bildet mit L einen Filterkreis, der auf die Eingangsimpedanz von 50 Ω abgestimmt ist, während L mit C_2 die Impedanz $Z = 330\ \text{k}\Omega$ des Zyklotrons erzeugt. Und bei diesem Impedanzmatching wird gleichzeitig die Eingangsspannung von ca. 70 V auf 2–3 kV am Ausgang erhöht. Das Blockschaltbild gibt natürlich den Aufbau der Koppelstufe nur grob wieder. Ein detaillierter Schaltplan mit Funktionsblöcken ist in Abb. 6.3 wiedergegeben.

[5]H3E bedeutet ein amplitudenmoduliertes (H) einkanaliges Analogsignal (3) für Telefonie oder Rundfunk (E).

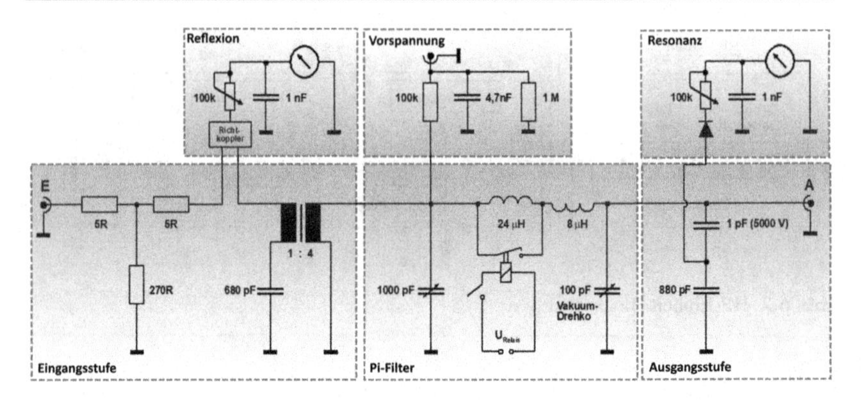

Abb. 6.3 Die Koppelstufe

Am Eingang E liegt die hochfrequente Wechselspannung der HF-Quelle mit einer Amplitude von bis zu 70 V an. Das Widerstandsnetzwerk der Eingangsstufe stellt dabei eine Grundlast für den Transceiver dar. Dieser würde sonst – das ist eine Besonderheit von Seefunksendern – abschalten, wenn soz. nicht gesendet wird. Das HF-Signal wird über den Eingangsübertrager im Verhältnis 1:4 hochtransformiert und bildet sodann den Eingang des Pi-Filters. Bestehend aus zwei Spulen und einem abstimmbaren 1000 pF-Eingangskondensator, ist dieser auf die Impedanz 50 Ω dimensioniert. Bei einer nicht gegebenen Abstimmung, wird ein Teil der eingespeisten Leistung auf den Ausgang der HF-Quelle reflektiert. Diese wird über den Richtkoppler der Reflexionsstufe registriert und angezeigt. Eine optimales Matching des Pi-Filters ist dann gegeben, wenn die reflektierte Leistung Null ist, was an dem entsprechenden Messgerät abgelesen werden kann.
Zudem ist der Ausgang des Pi-Filters mit den beiden Spulen und einem Vakuumdrehkondensator[6] auf die Impedanz des am Punkt A angeschlossenen Dees abzustimmen. Die an das Dee übertragene Hochspannung wird über einen kapazitiven Spannungsteiler abgegriffen und mit dem Instrument der Resonanzstufe angezeigt. So kann der Ausgang des Pi-Filters mit dem Vakuumdrehko optimal eingestellt werden. Die Ausgangsimpedanz des Filters beträgt nun ca. 330 kΩ und ist damit gleich der Impedanz des Dees. Wie bereits erwähnt, wird mit dieser Schaltung gleichzeitig die Eingangsspannung auf eine Ausgangsspannung von 2,0–3,0 kV transformiert. Mit Hilfe eines Relais kann die Spule mit $L = 24\,\mu\text{H}$ in Serie zu der 8 µH-Spule zu-

[6]an dieser Stelle ist ein HF-tauglicher Drehkondensator notwendig, um unerwünschte Überschläge zu vermeiden.

oder abgeschaltet werden. Ist die Steuerspule des Relais stromlos, so liegen beide Induktivitäten in Reihe und die Resonanzfrequenz des Pi-Filters beträgt 2,82 MHz. Zieht das Relais an und schließt den Kontakt, wird die 24 µH-Spule kurzgeschlossen, so dass nun nur noch die Induktivität von 8 µH wirksam ist. Damit ist das Pi-Filter auf die zweite Frequenz von 5,64 MHz abstimmbar. Da am Ausgang des Pi-Filters Spannungen im Bereich von kV liegen, kann für diese Umschaltung kein Schalter verwendet werden, vielmehr muss sie mit Hilfe eines Vakuumrelais erfolgen. Die Buchse der Vorspannungsstufe ist gleichstrommäßig mit dem Dee des Zyklotrons verbunden. Über sie kann eine zusätzliche „Saugspannung" an das Dee angeschlossen werden.

Die Beschleunigungselektroden Dee und Dummy-Dee

Der Ausgang A der Koppelstufe wird mit den beiden Beschleunigungselektroden, auch Dees genannt, verbunden. Wäre die Beschleunigungsspannung potentialfrei, so würden die Ionen im Spalt zwischen den Dees mit einer Spannung $U = 2U_0 = 4{,}0$–$6{,}0$ kV beschleunigt. Dabei wäre je ein Pol mit einem Dee verbunden. Im vorliegenden Fall ist aber die Beschleunigungsspannung nicht potenzialfrei, sondern ein Pol liegt permanent auf Masse. Dies hat zwei Konsequenzen:

- Die Ionen werden jetzt nur mit einer Spannung von 2,0–3,0 kV, also der „einfachen Amplitude" beschleunigt und
- ein Dee liegt permanent auf Masse.

Gerade die letzte Tatsache ermöglicht aber eine Vereinfachung im Aufbau des Beschleunigungssystems. Da ein Dee wie die Vakuumkammer selbst auf Masse liegt, kann dieses Dee verkürzt werden; ein solches verkürztes Dee heißt auch „Dummy-Dee". Schließlich ist der Raum hinter dem Dummy-Dee von sich aus potenzialfrei, so dass auf die abschirmende Wirkung des Dees verzichtet werden kann[7].

Bei der Dimensionierung des Dummy-Dees stellt sich natürlich die Frage nach der Tiefe und der Größe des Beschleunigungsspalts Δgap. Aus Plausibilitätsgründen wurde jeweils ein Maß von 20 mm gewählt. Damit ist das Dummy-Dee genauso tief, wie der Querschnitt des Dees hoch und der Spalt breit ist. Außerdem findet bei der gewählten Spaltbreite die Ionenquelle Platz im Beschleunigungsspalt.

[7] Dies ist bei dem anderen Dee, dem „heißen" Dee natürlich nicht möglich.

Ergebnis

Die folgende Tabelle (Tab. 6.2) stellt die Ergebnisse für die Beschleunigungsstufe zusammenfassend dar. Aus den Vorgaben Δgap und U_0 lassen sich die Größen r_1, v_1 und die gesamte Weglänge s_{ges} des Beschleunigungspfades berechnen. Die Formel für $s_{ges} = r_1\pi \cdot \sum_{i=1}^{k} \sqrt{i} + k \cdot \Delta gap$ wird in Anhang D hergeleitet.

Nicht unerwähnt bleiben darf, dass es sich bei den oben aufgeführten Werten um Abschätzungen handelt, die nur unter idealisierten Annahmen (wie z. B. in Anhang Anhang D genannt) gelten. Sie bieten demnach nur eine, wenn auch wichtige Orientierung für die Dimensionierung.

Tab. 6.2 Ergebnis (mit Konfiguration I)

Δgap = 20 mm	U_0 | V	400	1000	2000	B | mT
H^+	v_1 | 10^5 m/s	2,8	4,4	6,2	185
	r_1 | mm	15,7	24,7	35,0	
	Beschleunigungen	20	8	4	
	s_{ges} | m	3,03	1,27	0,68	
H_2^+	v_1 | 10^5 m/s	2,0	3,1	4,4	370
	r_1 | mm	11,0	17,5	24,7	
	Beschleunigungen	40	16	8	
	s_{ges} | m	5,96	2,44	1,27	

7 Das Vakuumsystem

Für den Beschleunigungsprozess ist das Vakuumsystem von essentieller Bedeutung, da ein gutes Vakuum die Voraussetzung für die effektive Beschleunigung der Ionen ist. Das Vakuumsystem besteht aus folgenden Komponenten:

- der Vakuumkammer
- der Vorpumpe
- der Turbomolekularpumpe
- der Steuereinheit mit Kombinationsvakuummeter

Bevor jedoch die einzelnen Komponenten näher besprochen werden, haben unsere Schüler ganz andere Probleme, die vorab geklärt werden müssen. So wird in diesem Abschnitt zunächst die Frage geklärt, weshalb überhaupt ein Vakuum benötigt wird. Im Anschluss daran wird untersucht, wie sich der Kammerdruck entwickelt, wenn eine bestimmte Menge an Wasserstoffgas zugeführt wird. Aus diesem Zusammenhang wird berechnet, wie viel Gas eingeleitet werden darf, damit die Wasserstoffionen ihre maximale Endenergie erreichen. In diesem Zusammenhang sei auch auf die Anhänge B, C und D verwiesen, wo für interessierte Leser einige Formeln ausführlich hergeleitet werden.

7.1 Warum braucht man ein Vakuum?

Sabine: Sie hatten erklärt, dass evakuiert werden muss, damit man die Teilchen beschleunigen kann. Aber Luft ist doch eh so dünn, warum muss dann die Kammer komplett leer sein?

M. Prechtl und C. Wolf, *Das Lehr-Zyklotron COLUMBUS*, essentials,
https://doi.org/10.1007/978-3-658-29710-7_7

Lehrer: Zunächst einmal bedeutet Vakuum nicht, dass sich absolut keine Teilchen mehr im Raum befinden; das ist physikalisch gar nicht möglich. Vakuum heißt lediglich, dass sich in der Kammer deutlich weniger Teilchen befinden als bei Normaldruck $p_N = 1013\,\text{mbar}$.

Sabine: Das klingt doch gut! Ich hoffe, dass wir uns dafür unsere Pumpe ausborgen können, die wir in der Schule haben; die brauchen wir ja zur Zeit dort eh nicht.

Lehrer: (lächelt) Ich glaube nicht, dass wir mit dieser Pumpe sehr weit kommen würden. Um ein für die Beschleunigung ausreichendes Vakuum zu erzeugen, müssen wir soviel Teilchen abpumpen, dass wir hierfür sogar zwei unterschiedliche Pumpen brauchen.

Fabian: Wieso das denn? Warum reicht da nicht eine? Das wäre doch viel billiger, selbst wenn diese dann etwas stärker sein müsste.

Lehrer: Das ist in der Tat gar nicht so einfach zu verstehen. Das muss ich euch erklären. Wichtig ist die sog. **mittlere freie Weglänge** $\bar{l}$;

7.2 Die mittlere freie Weglänge

In einem Vakuum ist aber die Teilchenzahldichte $n = N/V$, also die Zahl N an Teilchen bezogen auf das Volumen V, im Vergleich zu einem Gas mit Normaldruck $p_N = 1013\,\text{mbar}$ deutlich geringer. Dass aber Luft, so wie wir sie einatmen nicht „dünn“ genug ist, zeigt sehr anschaulich die sog. **mittlere freie Weglänge** $\bar{l}$ an Hand der folgenden Skizze (Abb. 7.1).

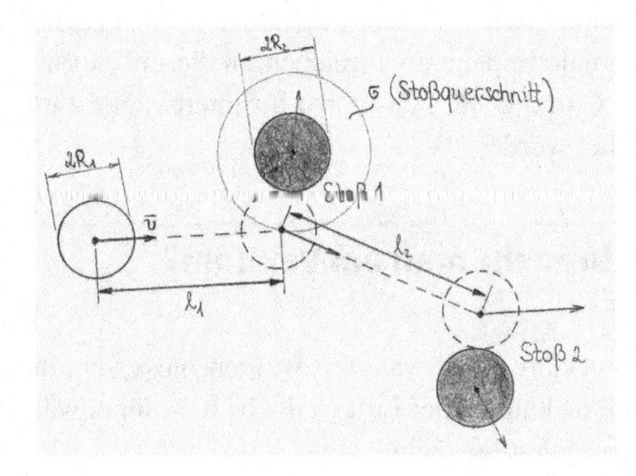

Abb. 7.1 Zur Erläuterung der sog. mittleren freien Weglänge $\bar{l}$ (weiße Kreise: Wasserstoff-Ionen, graue Kreise: Stickstoff-Moleküle)

Die Wasserstoff-Ionen (H^+, also Protonen, oder H_2^+), bewegen sich in einem Gas aus quasi ruhenden Stickstoff-Molekülen. Die Wasserstoff-Ionen stoßen hin und wieder mit den Stickstoff-Molekülen zusammen und legen dabei jeweils unterschiedlich lange Strecken zurück. Der Mittelwert der Wegstrecken zwischen zwei Stößen wird als **mittlere freie Weglänge** $\bar{l}$ bezeichnet. Die Wahrscheinlichkeit dafür, dass es zu einer Stoß kommt, heißt **Wirkungs- bzw. Stoßquerschnitt** σ. Anschaulich lässt sich σ als Größe der skizzierten „Zielscheibe" (Kreisfläche mit dem Radius $R_1 + R_2$) interpretieren.

Nun hängt die mittlere freie Weglänge nicht nur vom Wirkungsquerschnitt σ, sondern auch vom Druck p in der Vakuumkammer ab. Wie im Anhang B hergeleitet wird, gilt die folgende Formel:

$$\bar{l} = \frac{1}{n_N \sigma} = \frac{k_B T}{p\,\sigma} \quad \text{mit} \quad \sigma = (R_1 + R_2)^2 \pi \tag{7.1}$$

mit der Teilchendichte n_N von Stickstoff

Bei Normaldruck ist, wie aus Tab. 7.1 ersichtlich, $\bar{l} \approx 121$ nm für H_2^+-Moleküle; die deutlich kleineren Protonen legen im Mittel eine größere Wegstrecke zurück ($\approx$364 nm). Das ist für das Beschleunigen der entsprechenden Ionen aber natürlich viel zu klein, der Platz reicht nicht aus, um sie schneller zu machen[1].

Bei einem Druck von $p = 10^{-6}$ mbar, man spricht dann von Hochvakuum, würden die H_2^+-Ionen (im Mittel) also erst nach mehr als 123 m auf ein Stickstoff-Molekül treffen.

Zulässige Gaslast

Allerdings gilt es zu beachten, dass in ein Zyklotron gezielt Wasserstoff eingeleitet (für die Erzeugung der H^+/H_2^+-Ionen) wird. Ausgehend von dem erreichbaren

Tab. 7.1 mittlere freie Weglänge bei verschiedenen Drücken

p | mbar	1013	1	10^{-3}	10^{-4}	10^{-5}	10^{-6}
$\bar{l}_{H^+}$ | m	$364 \cdot 10^{-9}$	$368 \cdot 10^{-6}$	0,368	3,68	36,8	368
$\bar{l}_{H_2^+}$ | m	$121 \cdot 10^{-9}$	$123 \cdot 10^{-6}$	0,123	1,23	12,3	123

[1]Zum Vergleich: Der Durchmesser eines „normalen" menschlichen Haars beträgt 60–80 µm. Viren sind ungefähr 15–440 nm groß, das ist der Bereich von $\bar{l}$, und die kann man absolut nicht sehen.

Hochvakuum ($\approx 10^{-6}$ mbar) steigt der Druck dann natürlich wieder. Die Gaszufuhrrate, auch Gastlast q_G genannt, darf demnach nicht zu groß sein, damit die für den Ionenstrahl benötigte mittlere freie Weglänge nicht unterschritten wird. Im folgenden wird der erreichbare Druck in Abhängigkeit von der Gaslast berechnet.

Für die Berechnung der zulässigen Gaslast ist der sog. pV-Durchfluss bzw. -Strom eine besonders wichtige Größe:

$$q_{\mathrm{pV}} \overset{\text{(Def.)}}{=} \frac{\mathrm{d}}{\mathrm{d}t}(pV). \tag{7.2}$$

Es handelt sich hierbei also um die Änderung des Produktes aus Druck p und Volumen V pro Zeit; mit der Zustandsgleichung[2] für ideale Gase, $pV = Nk_{\mathrm{B}}T$, folgt bei konstanter (absoluter) Temperatur T:

$$q_{\mathrm{pV}} = k_{\mathrm{B}}T\frac{\mathrm{d}N}{\mathrm{d}t}.$$

Folglich lässt sich der pV-Durchfluss z. B. als Maß für die Abnahme $\mathrm{d}N$ der Teilchenzahl N pro Zeit $\mathrm{d}t$ beim Evakuieren einer Vakuumkammer (Rezipient) mit dem konstanten Volumen V, wie eben bei einem Zyklotron, interpretieren. Es gilt zunächst nach (7.2) allgemein:

$$q_{\mathrm{pV}} = \dot{p}V + p\dot{V}. \tag{7.3}$$

Da jedoch bei einem Rezipienten das Volumen V konstant und demnach $\dot{V} = 0$ ist, vereinfacht sich die Formel zu:

$$q_{\mathrm{pV}}(\text{Rezipient}) = \dot{p}V \tag{7.4}$$

wobei p der i. Allg. zeitabhängige Druck in jener Vakuumkammer ist.

Nun lässt sich für einen Evakuierungsvorgang folgende Bilanzgleichung (Vorzeichen: + Zustrom, − Abtransport) formulieren (vgl. auch Abb. 7.2):

$$q_{\mathrm{pV}}(\text{Rezipient}) = q_{\mathrm{pV}}(\text{in}) - q_{\mathrm{pV}}(\text{out}).$$

Dabei wird mit $q_{\mathrm{pV}}(\text{in})$ der in den Rezipienten einfließende pV-Strom aufgrund der Desorptions- und Leckrate (q_D und q_L) bezeichnet. Wird zudem ein (Prozess-)Gas wie z. B. Wasserstoff zugeführt, so addiert sich dazu noch der pV-Strom q_G

[2] k_{B} ist die Boltzmannkonstante: $k_{\mathrm{B}} = 1{,}38 \cdot 10^{-23}\,\frac{\mathrm{J}}{\mathrm{K}}$

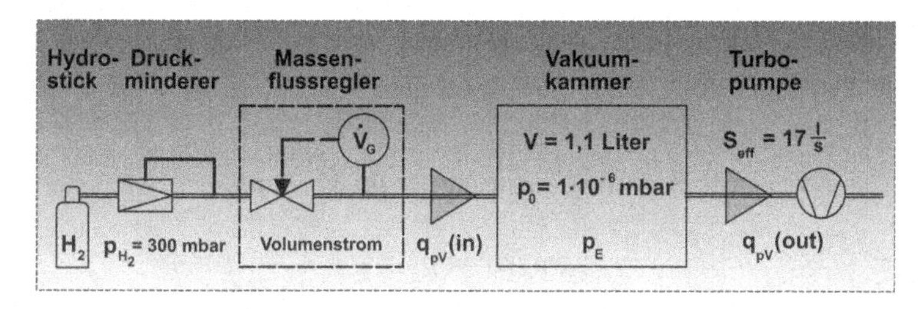

Abb. 7.2 Zufuhr von Wasserstoff

des Prozessgases:

$$q_{\mathrm{pV}}(\mathrm{in}) = q_{\mathrm{D}} + q_{\mathrm{L}} + q_{\mathrm{G}} \approx q_{\mathrm{G}}, \quad \text{da} \quad q_{\mathrm{G}} \gg q_{\mathrm{D}} + q_{\mathrm{L}}$$

Im Falle des Zyklotrons ist $q_{\mathrm{G}} = p_{\mathrm{H}_2} \dot{V}_{\mathrm{G}}$ mit dem Wasserstoff-Druck p_{H_2} am Druckminderer[3] und dem am Massenflussregler eingestellten Volumenstrom $\dot{V}_{\mathrm{G}}$ des Wasserstoffgases. Somit erhält man schließlich:

$$q_{\mathrm{pV}}(\mathrm{in}) = p_{\mathrm{H}_2} \dot{V}_{\mathrm{G}} \quad \text{mit} \quad p = p_{\mathrm{H}_2} = 300\,\mathrm{mbar}.$$

Der durch die Vakuumpumpe abtransportierte pV-Strom $q_{\mathrm{pV}}(\mathrm{out})$ berechnet sich zu:

$$q_{\mathrm{pV}}(\mathrm{out}) = p \frac{\mathrm{d}V_{\mathrm{p}}}{\mathrm{d}t} = pS;$$

dabei ist p wieder der jeweilige Druck in der Vakuumkammer und $S = \frac{\mathrm{d}V_{\mathrm{p}}}{\mathrm{d}t}$ das von der Pumpe pro Zeit wegtransportierte Gasvolumen, das sog. Saugvermögen S.

Allerdings darf für S nicht das Nennsaugvermögen $S_{\mathrm{N}} = 28\ \frac{\mathrm{l}}{\mathrm{s}}$ der Turbomolekularpumpe für **Wasserstoff** angesetzt werden, da dieses nur dann gilt, wenn der Rezipient direkt an die Pumpe angeschlossen ist. Da die Pumpe aber über eine Rohrleitung ($L = 0{,}62\,\mathrm{m}$, $D = 0{,}039\,\mathrm{m}$) mit der Kammer verbunden ist, muss hier das effektive Saugvermögen S_{eff} berechnet werden. Dabei ist noch zu berücksichtigen, dass jetzt nicht mehr Luft, sondern im wesentlichen nur noch Wasserstoff H_2 abgepumpt wird.

Wie in Anhang C gezeigt wird, ergibt sich für S_{eff} von Wasserstoff ein Wert von $17{,}2\ \frac{\mathrm{l}}{\mathrm{s}}$.

---

[3] $p_{\mathrm{H}_2} = 300$ mbar vgl. Vorgaben Kap. 8

Ist der Enddruck p_{E} in der Vakuumkammer erreicht, ändert sich p schließlich nicht mehr (d. h. $\dot{p} = 0$ sowie $p = p_{\mathrm{E}} = konst$) und es folgt:

$$\overset{0}{\cancel{\dot{p}}}V = q_{\mathrm{pV}}(\mathrm{in}) - q_{\mathrm{pV}}(\mathrm{out}) = p_{\mathrm{H_2}} \dot{V}_{\mathrm{G}} - p S_{\mathrm{eff}}$$

$$p_{\mathrm{H_2}} \dot{V}_{\mathrm{G}} = p S_{\mathrm{eff}}$$

Damit erhält man für den Enddruck $p = p_E$ in Abhängigkeit vom Volumenstrom $\dot{V}_{\mathrm{G}}$ die folgende Beziehung:

$$p_{\mathrm{E}} = \frac{p_{\mathrm{H_2}}}{S_{\mathrm{eff}}} \dot{V}_{\mathrm{G}}$$

Mit den Werten $p_{\mathrm{H_2}} = 300\,\mathrm{mbar}$ und $S_{\mathrm{eff}} = 17{,}2\,\frac{\mathrm{l}}{\mathrm{s}}$ erhält man Diagramm 7.1.

Aus diesem Diagramm entnimmt man beispielsweise, dass für einen Volumenstrom von ca. $0{,}14\,\frac{\mathrm{ml}}{\mathrm{min}}$ sich ein Enddruck $p_{\mathrm{E}} = 4{,}0 \cdot 10^{-5}\,\mathrm{mbar}$ einstellt, ein Wert der in guter Übereinstimmung mit dem gemessenen Druck steht. Weiter zeigt das Diagramm, dass bei diesem Enddruck H_2^+-Ionen eine mittlere freie Weglänge von etwa 3 m und Protonen eine solche von ca. 9 m haben.

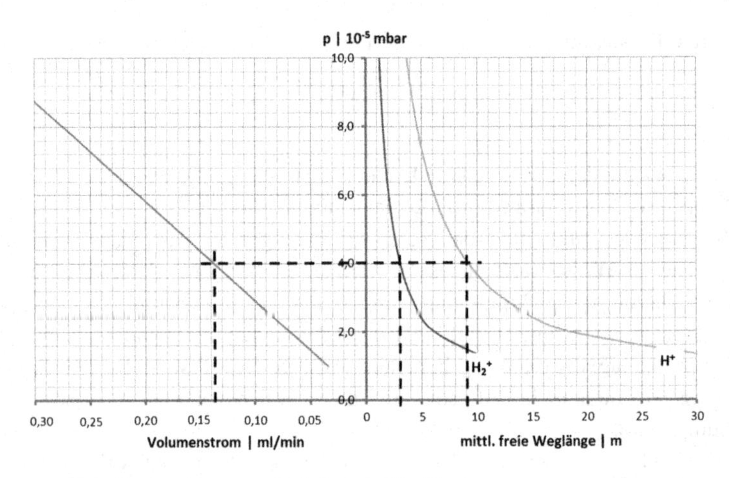

Diagramm 7.1 Gaslast, Druck und mittl. freie Weglänge

7.3 Bahnlänge, Beschleunigungen und Endenergie

Interessant ist nun die Frage, wieviel Beschleunigungen bzw. Umläufe die Ionen bei diesem Druck ($p_E = 4{,}0 \cdot 10^{-5}$ mbar) machen können und welche Endenergie sie unter diesen Bedingungen erreichen können.

Wie in Anhang D hergeleitet wird, gilt für die gesamte Weglänge der Spiralbahn die Formel:

$$s_{\text{ges}} = r_1 \pi \cdot \sum_{i=1}^{k} \sqrt{i} + k \cdot \Delta gap.$$

Dabei ist k die Anzahl der Beschleunigungen[4] und r_1 der Radius des ersten (Halb)kreises:

$$r_1 = \sqrt{\frac{2mU_0}{eB^2}} \cdot \frac{1}{\omega_{\text{Zyk}}}$$

Um eine bestimmte Endenergie (z. B. 16 keV, Konfiguration I) zu erreichen, muss die mittlere freie Weglänge für die betreffenden Ionen größer oder gleich der gesamten Bahnlänge sein. Das heißt, es müssen hinreichend viele Beschleunigungen erfolgen können, mithin ein genügend großer Wert für k erreicht werden. Trägt man nun in das Diagramm 7.1 noch die gesamte Weglänge der Spiralbahn als mittlere freie Weglänge gegen die Anzahl der notwendigen Beschleunigungen k auf, so erhält man für H_2^+-Ionen das ausführliche Diagramm 7.2.

Unter den o. g. Bedingungen entnimmt man nun diesem Diagramm noch, dass für H_2^+-Ionen die mittlere freie Weglänge von ca. 3 m bei einer Spannungsamplitude von 2000 V für etwa 14 Beschleunigungen/7 Umläufe ausreichen würden. Da man bei 2000 V aber nur 8 Beschleunigungen benötigt, ist die Endenergie von 16 keV gut zu erreichen.

Für 1000 V Amplitude sind 16 Beschleunigungen (vgl. Tab. 6.2) notwendig. Für 16 Beschleunigungen wären 2,76 m Weglänge erforderlich, die mit 3 m knapp erreicht werden. Somit ließen sich (rein rechnerisch) die 16 keV Endenergie auch mit einer Beschleunigungsspannung von 1000 V gerade noch erreichen. Im Diagramm sieht man das an dem Schnitt der schwarzen gestrichelten Linie (mittl. freie Weglänge = 3 m) mit dem blauen durchgezogenen Teil der 1000 V-Kennlinie.

Für alle Spannungen unter 1000 V Amplitude lässt sich eine Endenergie von 16 keV nicht mehr erreichen, da hierfür mehr als 16 Beschleunigungen notwendig und damit mehr als 3 m freie Weglänge erforderlich wären. Also reicht die mittlere freie Weglänge der Molekülionen nicht mehr aus. Bei 400 V Beschleunigungsspannung reicht eine mittlere freie Weglänge von 3 m für etwa 22–23 Beschleunigungen aus.

[4] nicht die Anzahl der Umläufe (!); diese wäre $\frac{k}{2}$

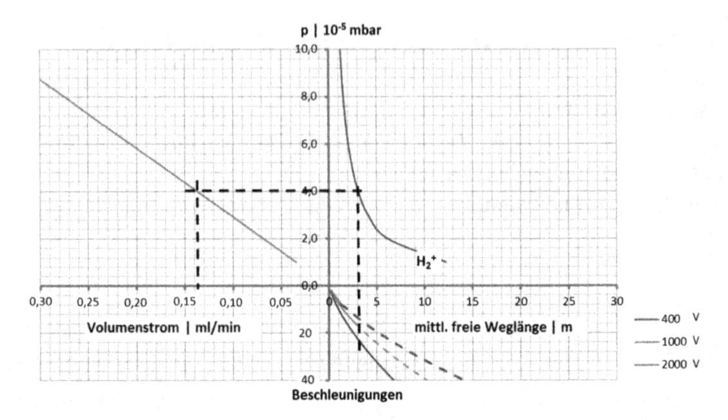

Diagramm 7.2 Beschl. und mittl. freie Weglänge f. H_2^+

Danach hätten die Ionen aber nur eine Energie von 8,8 keV, so dass bei dieser Spannungsamplitude nicht die volle Endenergie erreicht würde. Diese Betrachtungen gelten, wie gesagt, für für H_2^+-Ionen; für die wesentlich kleineren Protonen, die bei der gleichen Konfiguration eine Endenergie von 8 keV erreichen, ergibt sich eine mittlere freie Weglänge von 9 m, die in jedem Fall für die notwendige Anzahl von Beschleunigungen ausreichen würde.

7.4 Die Komponenten des Vakuumsystems

Wie in den vorherigen Kapiteln erläutert, benötigt man für die geplante Beschleunigung der Wasserstoffionen ein Hochvakuum von 10^{-5} bis 10^{-6} mbar. Dafür ist ein leistungsfähiges Vakuumsystem notwendig. Dieses besteht neben der Vakuumkammer aus der Vorpumpe, der Turbomolekularpumpe und der Steuereinheit mit einem Kombinationsvakuummeter für die Druckmessung.

Die Vakuumpumpen

Die beiden Vakuumpumpen evakuieren die Kammer, ausgehend vom Atmosphärendruck von ca. 1013 mbar über das Grobvakuum (10^3 – 10^0 mbar), das Feinvakuum (10^0 – 10^{-3} mbar) bis zu einem Enddruck von ca. $p_E = 1 \cdot 10^{-6}$ mbar im Hochvakuum.

Bei diesem Prozess treten abhängig vom Verhältnis der mittleren freien Weglänge zu den Dimensionen des Vakuumsystems unterschiedliche Strömungsarten auf.

Im Grobvakuum ist die mittlere freie Weglänge wesentlich kleiner als die Abmessungen der Anlage, die Strömungsvorgänge erfolgen laminar oder bei größeren Geschwindigkeiten turbulent. Das Gas verhält sich wie ein Kontinuum, also ähnlich wie eine Flüssigkeit. Somit lässt sich dieser Druck mit einer mechanischen Vorpumpe, wie im vorliegenden Fall mit einer Membranpumpe, erzeugen.

Im Bereich von 10^{-2} bis 10^{-4} mbar, also im Übergangsbereich vom Grob- zum Fein- und Hochvakuum, erreicht die mittlere freie Weglänge die Größenordnung von cm (vgl. Tab. 7.1). Das Gas verhält sich zunehmend nicht mehr wie ein Kontinuum sondern wie ein Vielteilchensystem mit einer signifikanten Änderung der Physik des Gases; die Strömung ist nun nicht mehr laminar oder turbulent, sondern molekular. Nun lässt sich mit der Vorpumpe der Druck nicht weiter erniedrigen. Die weitere Druckreduzierung erfolgt jetzt durch die Turbomolekularpumpe.

Dieser Pumpentyp ist eine im molekularen Strömungsbereich arbeitende kinetische Pumpe. Sie erteilt den Gasteilchen mit Hilfe von schnell rotierenden (bis 90.000 Umdrehungen/min) turbinenähnlichen Schaufeln Impulse, die die Gasteilchen in Richtung des Vorvakuumflansches befördern. Eine genaue Beschreibung des Funktionsprinzips würde den Rahmen dieser Arbeit sprengen, weshalb der Leser hier auf die entsprechende Literatur z. B. [13] verwiesen wird.

Das Kombinationsvakuummeter

Wie auch schon bei den Vakuumpumpen gibt es auch bei der Druckmessung kein Messgerät, das über den gesamten Druckbereich von neun Zehnerpotenzen messen kann. Hier wird ein Kombinations-Vakuummeter verwendet, das zwei unterschiedliche Messgeräte vereint. Für den Bereich von Atmosphärendruck bis ca. 10^{-3} mbar wird eine Wärmeleitungs-Vakuummeter, ein sog. Pirani-Vakuummeter, verwendet und für das Fein- und Hochvakuum ein Kaltkathoden-Vakuummeter. Das Pirani-Vakuummeter beruht auf der druckabhängigen Wärmeleitung von Gasen. Dabei wird ein Draht durch einen Strom auf konstanter Temperatur gehalten, die größer ist als die des Restgases. Gemessen wird die elektrische Leistung, die notwendig ist, um den Draht auf konstanter Temperatur zu halten. Diese Leistung ist aufgrund der Wärmeleitung und Konvektion des Gases druckabhängig und kann damit zur Druckmessung verwendet werden. Da jedoch durch die Wärmeableitung an den Drahtenden über die Drahthalterung sowie über die Wärmestrahlung auch ohne ein Gas Leistung abgegeben wird, wird dadurch ein geringer Druck p_0 vorgetäuscht, so dass ein Pirani-Vakuummeter für Drücke unterhalb von p_0 nicht verwendbar ist. Dieser Druck liegt, wie oben erwähnt, in der Größenordnung von 10^{-3} mbar bis 10^{-2} mbar. Drücke unterhalb von p_0 werden hier von einem Ionisations-Vakuummeter gemessen. Im vorliegenden Fall handelt es sich um ein sog. Kaltkathoden-Vakuummeter, bei dem durch eine Hochspannung eine Gasentladung gezündet wird. Die zur Ionisation erforderlichen Elektronen treten aus der Kathode aus und werden zur Anode hin beschleunigt. Durch ein Magnetfeld, das durch Permanentmagnete erzeugt wird, bewegen sich die Elektronen auf engen Kreisbahnen und ionisieren die Atome des Restgases. Die positiv geladenen Ionen folgen dem elektrischen Feld zur Kathode, wo nach ihrem Auftreffen der Entladungsstrom gemessen wird. Dieser ist in einem weiten Bereich proportional zum Gasdruck. Für eine genauere Beschreibung sei auch hier auf die Literatur ([13] oder [14]) verwiesen.

Die Vakuumkammer (Rezipient)

Um die beschriebenen Anforderungen zu erfüllen, wurde eine entsprechende Kammer (siehe Abb. 7.3) entworfen. Sie hat einen Durchmesser von 200 mm sowie eine Gesamthöhe von ca. 100 mm und ist aus einem Edelstahlrohr mit Wandstärke 2 mm gefertigt. Der Boden, ebenfalls aus Edelstahl, hat eine Dicke von 5 mm und besitzt einen Zentrierring mit Durchmesser 150 mm, so dass die Kammer exakt auf einen Magnetpol aufgesetzt werden kann.

Den oberen Abschluss der Kammer bildet ein ISO200-Flansch, an dem der Deckel mit vier Pratzen befestigt wird. In den Deckel ist eine Vertiefung mit einem Durchmesser von 150 mm und einer Tiefe von 12 mm eingefräst. Dort befindet sich eine Hallsonde für die Messung der magn. Flussdichte. In diese Vertiefung wird der obere Pol des Magneten abgesenkt; so erhält die Kammer im Magneten einen festen Sitz. Außerdem konnte dadurch die Kammerhöhe auf ca. 72 mm verringert werden. Unter Berücksichtigung der Materialstärke beträgt der minimale Polabstand des Magneten schließlich ca. 75 mm. Die Kammer verfügt über 10 Ports, deren jeweilige Bedeutung aus Abb. 7.3 rechts hervorgeht.

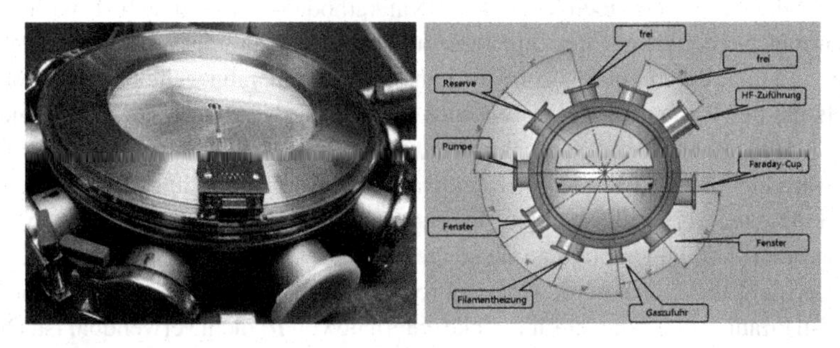

Abb. 7.3 Vakuumkammer und Portbelegung

Tab. 7.2 Ergebnis: Volumenströme – Enddruck

$\dot{V}_G$	| ml/min		0,10	0,15	0,20
p_E	| 10^{-5} mbar		2,9	4,4	5,8
$\bar{l}$	| m	H^+	12,6	8,4	6,3
		H_2^+	4,2	2,8	2,1

Ergebnis

Mit der Vorgabe $S_N = 28\,\frac{l}{s}$ und dem in Anhang für H_2 berechneten Wert von $S_{eff} = 17{,}2\frac{l}{s}$ findet man das in Tab. 7.2 gezeigte Ergebnis für die relevanten Volumenströme $\dot{V}_G$.

Was bedeutet dieses Ergebnis, wenn man die Konfiguration I mit einer Endenergie von 8,0 keV für Protonen bzw. 16 keV für H_2^+-Ionen zugrunde legt?

Nachdem die Situation mit einem Volumenstrom $\dot{V}_G = 0{,}15$ ml/min bereits ausführlich diskutiert wurde, werden nun die beiden anderen Fälle betrachtet: Für $\dot{V}_G = 0{,}10$ ml/min ergeben sich mittlere freie Weglängen von 12,6 m bzw. 4,2 m. Diese sind jeweils groß genug, um die Anzahl der für das Erreichen der maximalen Endenergie notwendigen Beschleunigungen bei allen möglichen Spannungen durchführen zu können.

Anders verhält es sich bei dem Volumenstrom $\dot{V}_G = 0{,}20$ ml/min. Hier beträgt die mittlere freie Weglänge bei H_2^+-Ionen nur 2,1 m. Diese reicht bei einer Beschleuni-

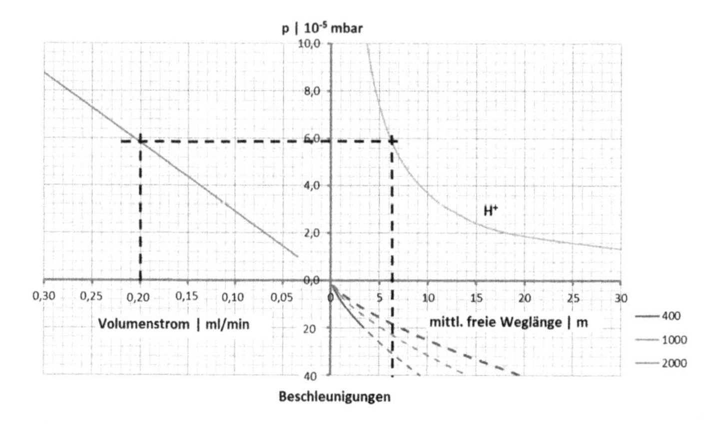

Diagramm 7.3 Beschl. u. mittl. freie Weglänge f. H^+

gungsspannung von 2000 V noch aus, um die Endenergie von 16 keV zu erreichen. Bei 1000 V würde man hierfür ca. 2,8 m oder 16 Beschleunigungen benötigen, was offensichtlich nicht mehr möglich ist. Man würde in diesem Fall die Ionen nach ca. 12–13 Beschleunigungen (ungefähr 2 m Weg) registrieren.

Für Protonen würde die freie Weglänge von 6,3 m für alle Spannungen größer als 400 V ausreichen, um die Endenergie von 8,0 keV zu erreichen (vgl. Diagramm 7.3. Erst bei einer Spannung von 200 V würden die 6,3 m nicht mehr für die nun notwendigen 40 Beschleunigungen ausreichen.

8 Das Ionensystem

Wie die übrigen Subsysteme des Zyklotrons besteht auch das Ionensystem aus mehreren Komponenten, nämlich

- dem Gasbehälter (Hydrostick) für Wasserstoff mit Druckminderer
- dem Massenflussregler (Massflowcontroler MFC)
- der Ionenquelle

Die zentrale Komponente des Systems ist die Ionenquelle. In ihr werden die Teilchen für die Beschleunigung erzeugt. Sie beeinflusst die Zyklotronfrequenz über die spezifische Ladung $\frac{q}{m}$. Somit gehört die Ionenquelle zu den entscheidenden Systemen eines Zyklotrons.

In diesem Kapitel werden zunächst Aufbau und Funktion der Ionenquelle behandelt und im Anschluss daran werden der Ionisierungsprozess und die Extraktion der Ionen besprochen.

8.1 Wie entstehen die Ionen?

Sabine: Wisst ihr eigentlich, woher die Teilchen kommen, die in einem Zyklotron beschleunigt werden? In den Abbildungen kommen sie ja scheinbar aus einem Punkt in der Mitte des Zyklotrons.

Lehrer: Dieser Punkt, wie du ihn nennst, ist die sog. Ionenquelle und die Teilchen sind die Ionen, also positiv oder negativ geladene Teilchen.

Sabine: Und ich würde sehr gerne wissen, was sich in Wirklichkeit hinter diesem ominösen Punkt verbirgt, also, wie wir unsere Ionen erzeugen wollen.

Fabian: Außerdem habe ich noch etwas nicht verstanden.

M. Prechtl und C. Wolf, *Das Lehr-Zyklotron COLUMBUS,* essentials,
https://doi.org/10.1007/978-3-658-29710-7_8

Lehrer: Und das wäre?

Fabian: Nehmen wir einmal an, wir beschleunigen positive Ionen – z. B. Protonen –; diese werden dann während der negativen Halbwelle der Beschleunigungsspannung in das Dee gezogen und dann entsprechend dem Zyklotronprinzip resonant beschleunigt. Wenn nun nach der, ich sage mal negativen Halbwelle, das Dee positiv wird, dann ist doch das gegenüberliegende Dee, also das Dummy-Dee negativ gegen das Dee. Dann müssten die positiven Ionen doch zum Dummy-Dee hingezogen werden und in genau entgegengesetzter Richtung beschleunigt werden; also hätten wir dann zwei unterschiedliche Ionenstrahlen oder etwa nicht?

Lehrer: Da hast du gar nicht so Unrecht. Ich sehe schon, wir müssen uns über die Ionenquelle, ihren Aufbau und ihre Funktion einmal genauer unterhalten.

8.2 Die Gaszufuhr

Grundsätzlich gibt es die unterschiedlichsten Arten von Ionenquellen, die in der Literatur z. B. auf [18] ausführlich behandelt werden.
In der hier verwendeten Ionenquelle werden Wasserstoff-Ionen durch Elektronenbeschuss aus Wasserstoffgas gewonnen (vgl. auch Kap. 4). Das Wasserstoffgas wird in einem Hydrostick in einer Menge von 10 L bei einem Druck von 10 bar vorgehalten. Dieser Druck wird durch einen Druckminderer auf $p_{H_2} = 300\,\text{mbar}$ reduziert. Abb. 8.1 zeigt die Anordnung und die Einleitung des Gases in den Kamin.

Unter diesem Druck gelangt der Wasserstoff über einen MFC (engl. MFC: Mass Flow Controler = Massendurchflussregler) in den Kamin der Ionenquelle. Dort findet dann der eigentliche Ionisationsprozess statt.

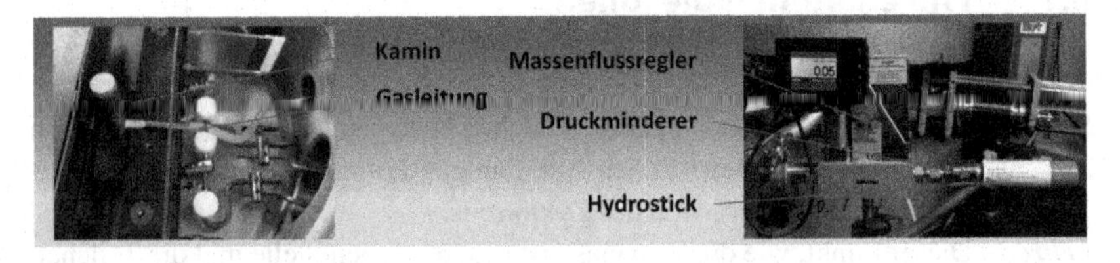

Abb. 8.1 Die Gaszufuhr

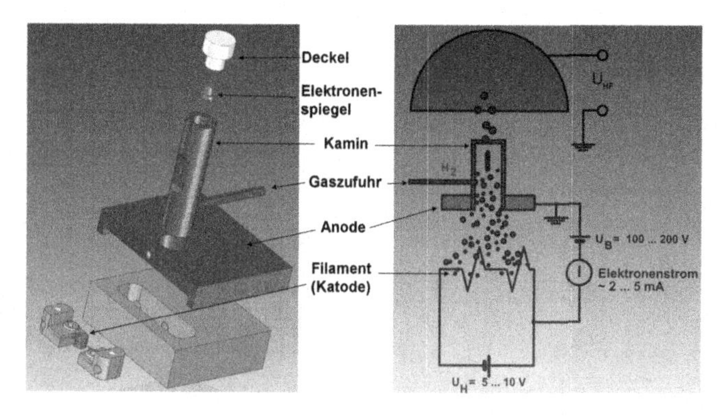

Abb. 8.2 Aufbau der Ionenquelle

8.3 Der Aufbau der Ionenquelle

Den Aufbau der Ionenquelle zeigt die Abb. 8.2. Die für die Ionisation notwendigen Elektronen treten aus dem glühenden Filament, einem thorierten Wolframdraht mit Durchmesser von 0,3 mm aus. Dieses befindet sich in einem Keramikkörper aus Shapal[1]. Darüber liegt eine Kupferplatte als Anode. Zwischen Katode und Anode liegt eine Spannung U_B, die die emittierten Elektronen beschleunigt. Durch ein Loch in der Anode treten die Elektronen in den Formationsraum eines sog. „Kamins“ ein und treffen dort auf die (neutralen) Wasserstoffmoleküle(vgl. auch 8.2). Dabei werden H^+- und H_2^+-Ionen gebildet; in geringem Maße entstehen auch die entsprechenden negativen Ionen. Der Kamin wird durch einen Keramikdeckel abgeschlossen, an dem sich isoliert eine Wolframscheibe, ein sog. Elektronenspiegel, befindet. Dieser lädt sich durch die auftreffenden Elektronen negativ auf und reflektiert sie in den Formationsraum des Kamins, so dass sie für erneute Ionisationsprozesse zur Verfügung stehen. Auf diese Weise erhöht sich die Zahl der Elektronen und damit auch der Ionenstrom merklich.

8.4 Der Ionisierungsprozess

Die Anzahl der gebildeten Ionen hängt aber auch von der Elektronenenergie ab. Sie erreicht bei 100–150 eV ein Maximum. Jenseits dieses Energieintervalls sind die Elektronen quasi zu schnell, und die Ionisierungsrate sinkt, wie aus Abb. 8.3 hervorgeht.

[1] Shapal ist eine extrem hitzebeständige Keramik.

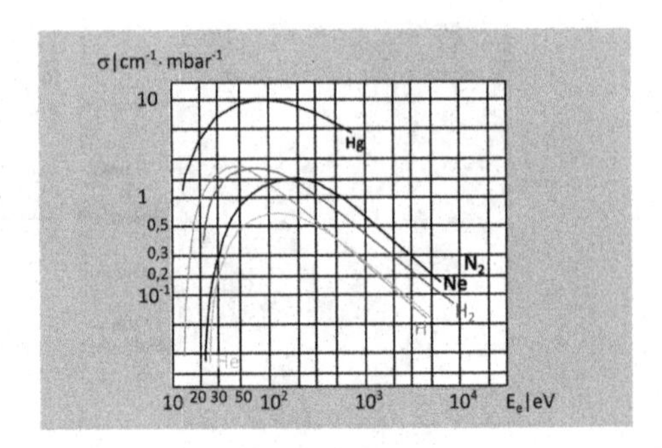

Abb. 8.3 Differenzieller Wirkungsquerschnitt [20]

Für den Ionenstrom I_{ion} gilt nach [20] näherungsweise die folgende Beziehung:

$$I_{\text{ion}} = \sigma I_e \bar{l}_e p_H, \tag{8.1}$$

wobei die Symbole folgende Größen bezeichnen:

σ: differenzieller Ionisierungsquerschnitt von Wasserstoff[3] (vgl. Abb. 8.3)
I_e: (Elektronen-)Emissionsstrom in A
$\bar{l}_e$: Mittlere Weglänge der Elektronen in cm
p_H: Partialdruck von Wasserstoff im Kamin in mbar (nicht zu verwechseln mit p_{H_2} dem Druck am Druckminderer des Massenflussreglers).

Mit dieser Beziehung und den Werten I_e = 1 mA, $\bar{l}_e$ = 3,5 cm (Höhe des Kamins) und $p_H = 4 \cdot 10^{-5}$ mbar $\approx p_E$ lässt sich der zu erwartende Ionenstrom abschätzen:

$$I_{\text{ion}} = 1 \cdot 10^{-3}\text{A} \cdot 3{,}5\,\text{cm} \cdot 1\frac{1}{\text{cm} \cdot \text{mbar}} \cdot 4 \cdot 10^{-5}\text{mbar} = 1{,}4 \cdot 10^{-7}\text{A} \approx 0{,}1\mu\text{A}$$

Das Problem liegt nun darin, dass die Elektronen schon bei einem Druck ab 10^{-3} mbar eine mittlere freie Weglänge von über 500 mm haben, die damit größer ist als die Abmessungen des Kamins. Somit stoßen die Elektronen in der Regel auf ihrem Weg $\bar{l}_e$ überhaupt nicht oder nur sehr selten mit den Wasserstoffatomen zusammen, so dass unter diesen Umständen nur sehr wenige Ionisationsprozesse stattfinden

[3] Dieser gibt an, wieviele Ionen ein Elektron pro cm Weg erzeugt. Da diese Zahl proportional zum Druck ist, bezieht man sie auf p = 1 mbar. Der differentielle Ionisierungswirkungsquerschnitt σ liegt in der Größenordnung von 1–3 $\frac{1}{\text{cm mbar}}$

können. Deshalb wird der Ionisierungsquerschnitt σ auch nur mit dem Wert 1 angesetzt.

Eine Vergrößerung des Ionenstroms ist grundsätzlich durch folgende Maßnahmen möglich:

1. Erhöhung des Emissionsstroms I_e oder auch
2. Erhöhung der mittleren Weglänge $\bar{l}_e$.

Ersteres lässt sich nur durch eine entsprechende Zunahme des Heizstroms I_{Heiz} erreichen, was zu Lasten der Lebensdauer des Filaments geht. Außerdem steigt durch die größere Heizleistung die Temperatur in der Vakuumkammer, was zu einer Verschlechterung des Vakuums führt. Diese Maßnahme ist also nur sehr vorsichtig anzuwenden.

Wird die mittlere Weglänge der Elektronen vergrößert, so erhöht sich die Stoßrate und damit auch die Ionisierungswahrscheinlichkeit. Allerdings gilt es zu berücksichtigen, dass sich um das Filament eine Art „Elektronenwolke" bildet. Bei einer Spulengeometrie (3–5 Wdg. wie bei COLUMBUS) erzeugt dieses ein Magnetfeld, das die Elektronen infolge der LORENTZ-Kraft bindet. Es erreichen daher nicht alle Elektronen den Formationsraum im Kamin der Ionenquelle.

Ganz anders ist die Situation, wenn das Führungsfeld des Zyklotrons aktiviert wird. Dieses verläuft zwar parallel zur Richtung des beschleunigenden elektrischen

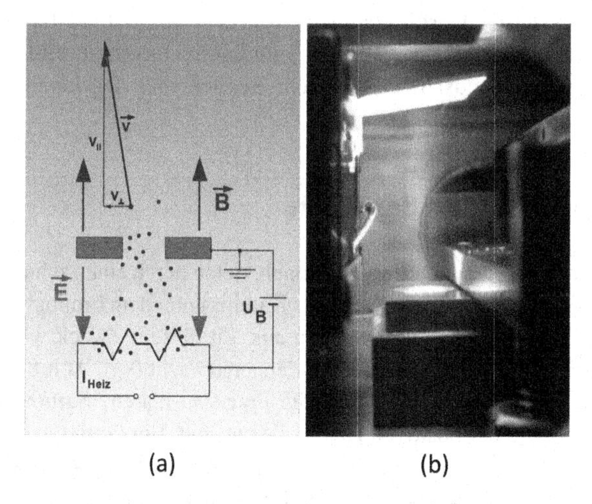

Abb. 8.4 (**a**) Die Gyrationsbewegung (**b**) Sicht auf das Plasma

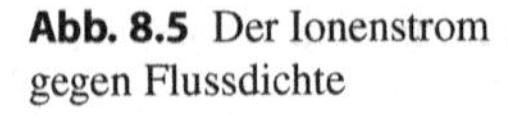

Abb. 8.5 Der Ionenstrom gegen Flussdichte

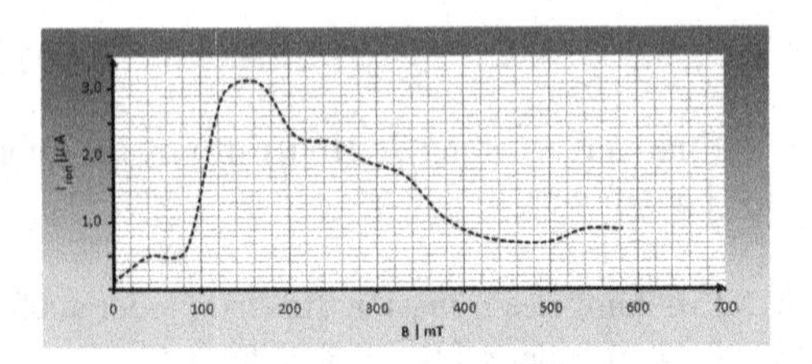

Feldes und damit parallel zur Bewegungsrichtung der Elektronen; es sollte somit eigentlich keinen Einfluss auf die Bewegung haben. Fast alle Elektronen haben aber auch eine Geschwindigkeitskomponente $v_{\perp}$ senkrecht zum elektrischen Feld (vgl. Abb. 8.4(a)), so dass die Elektronen eine Gyrationsbewegung zusätzlich zu ihrer linearen Bewegung längs der Feldlinien ausführen, was letztlich eine senkrecht nach oben gerichtete Schraubenlinie erzeugt. Die damit einhergehende Zunahme der mittleren Weglänge der Elektronen ist bei den entsprechenden magnetischen Flussdichten und den daraus resultierenden kleinen Radien zu vernachlässigen. Dennoch steigt der Ionenstrom signifikant an, weil nun im Zentrum des Kamins die Elektronendichte und folglich auch die Stoßrate größer werden. Dieser Effekt ist sehr schön an dem senkrecht nach oben gerichteten Plasma in Abb. 8.4(b) zu erkennen. Somit erhöht sich die Stoßrate und damit auch der Ionenstrom mit zunehmender magnetischer Flussdichte, wie Abb. 8.5 für $0 \leq B \leq 160$ mT zeigt:

Interessant ist der Abfall des Ionenstroms bei Magnetfeldern größer als ca. 160 mT. Eine Erklärung hierfür könnte darin liegen, dass sich die Plasmasäule nun noch weiter verengt und sich damit weiter vom Extraktionsschlitz entfernt. Dadurch sinkt die Extraktionsfeldstärke in diesem Bereich und der Ionenstrom nimmt wieder ab.

8.5 Die Extraktion der Ionen

Die im Kamin gebildeten H^+- und H_2^+-Ionen, treten durch einen schmalen Spalt an der dem Dee gegenüberliegenden Seite des Kamins unter dem Einfluss der negativen Halbwelle der Beschleunigungsspannung aus. Zu diesem Zweck wurden an dem Dee zwei Extraktions- bzw. Pullerelektroden angebracht (vgl. Abb. 8.6).

Nun bleibt noch die eingangs gestellte Frage zu klären, warum kein zweiter Ionenstrahl während der positiven Halbwelle entsteht. Ein Grund dafür ist die Tatsache, dass die Ionen nur aus dem Schlitz extrahiert werden können, der dem Dee gegenüberliegt. Ein weiterer Grund ist das Potenzial des Kamins, das das gleiche ist

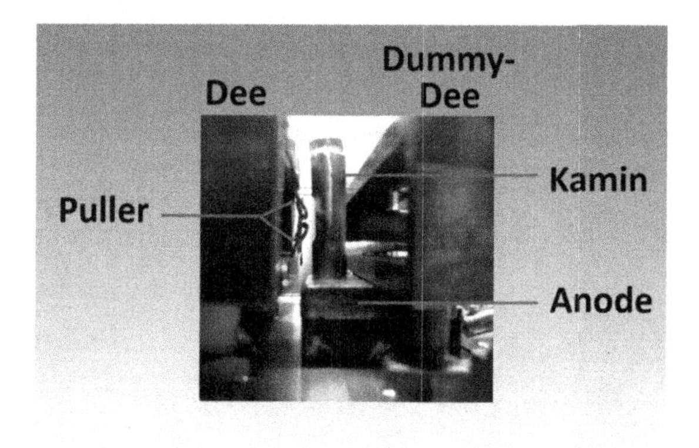

Abb. 8.6 Extraktionsgeometrie

wie das des Dummy-Dees, nämlich Masse. Somit könnten auch während der positiven Halbwelle der Beschleunigungsspannung keine Ionen in das Dummy-Dee extrahiert werden.

Ergebnis

Aus den bisher gemachten Erfahrungen geht hervor, dass die Funktion der Ionenquelle nicht nur von der Geometrie abhängig ist, sondern auch von einer sorgfältigen Einstellung der Betriebsparameter, wie Heizstrom I_{Heiz} und Beschleunigungsspannung U_{B}. Für einen hinreichend großen Ionenstrom haben sich, bei einer Gaslast von $\dot{V}_{\text{G}} = 0{,}10 - 0{,}15\ \frac{ml}{min}$ in zahlreichen Experimenten folgende Werte (Tab. 8.1) bewährt.

Sie stellen einen Kompromiss zwischen einem vertretbaren Ionenstrom und einer hinreichend langen Lebensdauer des Filaments (ca. 1 Jahr) dar.

Tab. 8.1 Ergebnis

<table>
<tr><th colspan="2">Betriebsparameter</th><th>I_{e} \| mA</th><th>I_{ion} \| µA</th></tr>
<tr><td>I_{Heiz} \| A</td><td>7 - 10</td><td rowspan="2">2 - 5</td><td rowspan="3">1 - 3</td></tr>
<tr><td>U_{B} \| V</td><td>150</td></tr>
<tr><td>$\dot{V}_{\text{G}}$ \| $^{ml}/_{min}$</td><td>0,15</td><td></td></tr>
</table>

9 Das Detektorsystem und ausgewählte Experimente

Nachdem die Ionen erzeugt und beschleunigt wurden, müssen sie experimentell nachgewiesen werden. Da die Detektion der Ionen und die Auswertung der Messergebnisse eng zusammenhängen, werden sie in diesem Kapitel gemeinsam behandelt. Das Detektorsystem besteht zur Zeit nur aus

- einem Faraday-Cup
- einem hochempfindlichen Messverstärker

Im ersten Teil dieses Kapitels werden Aufbau und Montage dieses einfachen Detektors beschrieben.
Anschließend folgen zwei typische Beschleuniger-Experimente mit ihrer Auswertung, die mit COLUMBUS durchgeführt wurden. Die Aufnahme und Untersuchung der Strahlspektren bilden den Hauptteil des Kapitels. Unter Einbindung von Schulwissen aus der Mittel- und Oberstufe werden schließlich die Teilchen des Ionenstrahls bestimmt.

9.1 Was kann man mit langsamen Protonen anfangen?

Fabian: Mir brennt eigentlich schon lange eine wichtige Frage auf der Seele.
Ben: Und welche Frage ist das?
Fabian: Was wollen wir eigentlich mit unserem Zyklotron anstellen? Die Energie der Protonen ist mit 8–16 keV doch viel zu klein, um Experimente wie z. B. Kernumwandlungen oder die Erzeugung von Elektronen und Positronen durchzuführen. Was machen wir dann mit unseren Protonen?

M. Prechtl und C. Wolf, *Das Lehr-Zyklotron COLUMBUS*, essentials,
https://doi.org/10.1007/978-3-658-29710-7_9

Sabine: Eigentlich hast du schon recht; ich schlage vor, wir fragen einfach mal unseren Lehrer, der sollte ja schließlich wissen,was er mit seinem Zyklotron machen will.

Lehrer: Eure Frage ist berechtigt. Ich gebe euch einmal folgende Antwort: Ein typisches Beschleunigerexperiment sieht doch so aus: Die beschleunigten Ionen treffen auf ein Target und machen irgendetwas mit den Atomen dieses Targets. Im einfachsten Fall werden die Ionen gestreut, wie z. B. bei dem berühmten Rutherford-Experiment, oder aber es werden neue Teilchen erzeugt. Die Physiker untersuchen also den Strahl hinter dem Target und identifizieren die Teilchen die dort erscheinen.

Sabine: Und was heißt das? Was genau untersuchen die Physiker dann?

Lehrer: Zunächst einmal wollen die Physiker wissen, welche Teilchen es hinter dem Target gibt. Dann wollen sie wissen, welche Geschwindigkeit bzw. Impuls die Teilchen haben, möglichst nach Betrag und Richtung und schließlich interessieren sie sich für ihre Energie.

Fabian: Und wie bekommen die Physiker heraus, um welche Teilchen es sich handelt?

Lehrer: Denkt doch einmal nach: Wir haben doch im Unterricht einen Versuch gemacht, bei dem wir schon Teilchen identifiziert haben!

Ben: Hmm, welcher Versuch könnte das gewesen sein?

Lehrer: Tipp: Bei den Teilchen handelte es sich um Elektronen. Na, klingelt's jetzt bei euch?

Fabian: Ach ja, das war der Versuch mit dem Fadenstrahlrohr, bei dem wir die spezifische Ladung von Elektronen gemessen haben.

Lehrer: Richtig! Die spezifische Ladung ist sozusagen der Personalausweis eines Teilchens. Wenn wir diese kennen, kennen wir auch das Teilchen.

Ben: Sie wollen also die spezifisches Ladung messen. Aber wenn unsere Protonen auf ein Target treffen, dann werden sie doch bestenfalls absorbiert und hinter dem Target können wir dann gar nichts mehr registrieren, auch nicht irgendwelche spezifische Ladungen?

Lehrer: Eben, und deshalb machen wir exakt denselben Versuch, nur ohne Target.

Sabine: Dann untersuchen wir also nur den Strahl? Aber da wissen wir doch schon, um welche Teilchen es sich handelt?

Lehrer: Natürlich, aber das macht doch nichts, der Versuch ist derselbe, egal ob mit oder ohne Target. Und wenn wir schon wissen, was uns erwartet, ist ein solcher Versuch doch eine schöne Bestätigung dafür, dass unser Zyklotron tatsächlich funktioniert.

Fabian: Und wie wollen wir die spezifische Ladung unserer Protonen messen, wenn wir sie doch nicht ausleiten können?

Lehrer: Das ist einfacher als ihr vielleicht denkt: Ihr kennt doch die Zyklotronbedingung $\omega_{\mathrm{Zyk}} = 2\pi f_{\mathrm{Zyk}} = \frac{e}{m}B$. Die Zyklotronfrequenz f_{Zyk} kennen wir, die magen. Flussdichte B können wir messen, und schon lässt sich die spezifische Ladung berechnen. Wir legen uns also mit einem geeigneten Detektor auf die Lauer und verändern das Magnetfeld solange, bis wir ein Signal erhalten und registrieren den entsprechenden Wert von B. Einen ähnlichen Versuch hat übrigens auch Stanley Livingstone, der Mitarbeiter von Lawrence, gemacht. Diesen Versuch bauen wir einfach nach.

9.2 Der Detektor

Als Detektor wird bei COLUMBUS ein selbstgebauter Faraday-Cup benutzt. Ein Faraday-Cup ist Messgerät zum Nachweis von Ionen.

Das Prinzip zeigt Abb. 9.1 links. Der Cup besteht aus einem Metallbecher und einer äußeren Abschirmung. Die Ionen gelangen durch einen engen Spalt, den Eintrittsspalt in den Metallbecher. Dort entladen sie sich; dabei fließt ein geringer Strom – mit Stromstärken von einigen pA bis nA –, der über einen Verstärker nachgewiesen werden kann und im Folgenden als Strahlstrom bezeichnet wird. Da die Energie der einfallenden Ionen in der Regel größer ist als die Austrittsarbeit der Elektronen aus dem Metall des Bechers können Sekundärelektronen auftreten, die den Faraday-Cup verlassen. Diese vergrößern den gemessenen Strom und verfälschen damit das Signal. Dies spielt im vorliegenden Fall jedoch keine Rolle, da die Signalstärke nicht ausgewertet wird. In dem vorliegenden Versuch kommt es nur darauf an, ob ein Signal gemessen wird und nicht auf die Stärke. Bei dem in COLUMBUS verwendeten Faraday-Cup handelt es sich um einen Selbstbau, da ein Cup passender Größe nicht verfügbar war. Auf eine doppelseitige Platine, dessen eine Seite die

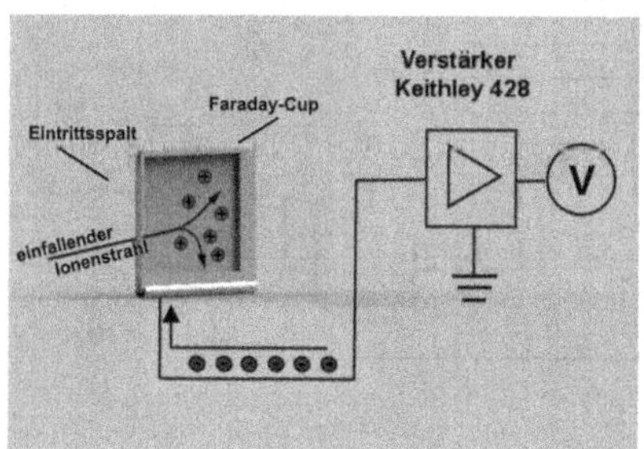

Abb. 9.1 Faraday - Cup

Abschirmung darstellt, wurde auf der anderen Seite ein schachtelförmig gebogenes Kupferteil angelötet.

Diese Anordnung ist auf ein sog. Semirigid-Kabel montiert, dessen Seele die Signalleitung bildet und das Detektorsignal verlustarm an den Verstärker weiterleitet und das gleichzeitig als Führungsstange dient, mit der der Cup in radialer Richtung bewegt werden kann. Weiter wurde bei der Montage berücksichtigt, dass die Ionenbahnen an der Stelle der Registrierung durch den Cup bereits durch das herrschende Magnetfeld halbkreisförmig gekrümmt sind. Aus diesem Grunde ist der Faraday-Cup unter einem Winkel von weniger als 90° gegen das Dummy-Dee montiert, wie in Abb. 9.1 rechts zu sehen ist.

9.3 Aufnahme und Auswertung von Spektren

Für den oben beschriebenen Versuch (vgl. Abb. 9.2) wird der Faraday-Cup auf eine feste Position von etwa 40 mm entfernt von dem Austrittsspalt der Ionenquelle gestellt (Gaslast 0,10–0,15 ml/min Wasserstoff). Bei einem Heizstrom von 7 A und einer Anodenspannung von 120 V fließt ein Emissionsstrom von 2 mA.

Als Frequenz der Beschleunigungsspannung wählt man 2,82 MHz mit 1000 V Amplitude. Diese Werte haben in einigen Vorversuchen einen ausreichenden Strahlstrom ergeben. Das Magnetfeld kann mit einem Dreieckssignal der Frequenz 0,005 Hz zyklisch herauf- und herunter gefahren werden. Ein Hallsensor erfasst direkt die magnetische Flussdichte B, die als x-Signal dem Messinterface oder einem xy-Schreiber zugeführt wird.

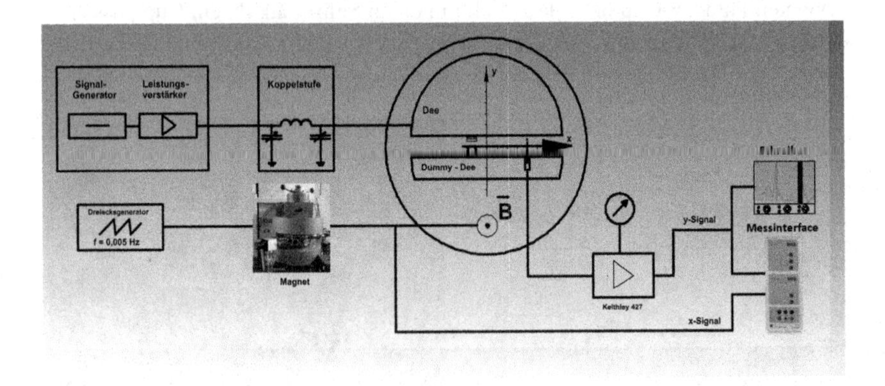

Abb. 9.2 Der Versuchsaufbau

Die von dem Messinterface aufgenommenen Werte für B und dem vom Faraday-Cup erfassen Strahlstrom werden einmal als $I(B)$-Diagramm direkt ausgegeben und außerdem in einer Tabelle zur Auswertung durch andere Programme gespeichert.

Vor dem eigentlichen Versuch wurde ein B-I-Diagramm ohne Einleitung von Wasserstoff aufgenommen (rote Kurve in Diagramm 9.1). Folgerichtig lassen sich in diesem Fall keine Peaks von beschleunigten Ionen registrieren.

Die blaue Kurve in Diagramm 9.1 zeigt das Spektrum mit einer Gaszufuhr von $0,10\,\frac{\text{ml}}{\text{min}}$. Hierbei können – neben einem Untergrund – zwei Peaks registriert werden. Der erste Peak erscheint bei einer Flussdichte von ca. 187 mT, der zweite kleinere bei B = 370 mT. Somit ergibt sich für Peak 1 eine spezifische Ladung von

$$\frac{q}{m} = \frac{\omega_{\text{Zyk}}}{B} = \frac{2\pi \cdot 2,82 \cdot 10^6}{0,187}\,\frac{\text{As}}{\text{kg}} = 9,48 \cdot 10^7\,\frac{\text{As}}{\text{kg}}\,.$$

Der Literaturwert für die spezifische Ladung von Protonen ist $9,58 \cdot 10^7\,\frac{\text{As}}{\text{kg}}$; die Abweichung beträgt also nur ca. 1 %. Dieser Peak entsteht also infolge beschleunigter Protonen.

Interessant ist der zweite Peak bei $B = 370\,\text{mT}$, was eine spezifische Ladung von $4,79 \cdot 10^7\,\frac{\text{As}}{\text{kg}}$ ergibt, also die Hälfte der eben berechneten spezifischen Ladung. Bei diesen Teilchen handelt es sich um einfach geladene H_2^+-Ionen. Somit wurden neben Protonen auch diese Ionen in dem Strahl nachgewiesen[1].

Die Deutung der anderen, kleineren Peaks, z. B. bei B = 158 mT oder B = 200 mT, 215 mT, 238 mT usw. ist nicht immer möglich und auch nicht ganz einfach. Das Diagramm 9.2 aus einem anderen Experiment zeigt zwei weitere Peaks, für deren Herkunft eine plausible Erklärung gefunden werden kann.

Neben den beiden Hauptpeaks für Protonen (diesmal bei ca. 200 mT; Fehler $\approx 7,5\,\%$) und den Molekülionen H_2^+ (hier bei ca. 365 mT; Fehler$\approx 1,3\%$) treten hier noch zwei weitere signifikante Peaks bei ca. 120 mT und 165 mT auf. Da der erste Peak (120 mT) bei $\frac{1}{3}$ des Magnetfeldes des H_2^+-Peaks auftritt, liegt der Gedanke nahe, dass dieser auch von den H_2^+-Molekülionen verursacht wird. Beachtet man, dass die Ionenquelle kontinuierlich Ionen liefert, also auch in den Zeitintervallen, in denen die Beschleunigungsspannung noch nicht ihren Scheitelwert erreicht hat, so folgt hieraus, dass ein Teil der Ionen nicht die maximal mögliche Eintrittsgeschwindigkeit in das Dee hat, sondern langsamer ist. Ionen, die zufällig $\frac{1}{3}$; $\frac{1}{5}$;... der Maximalgeschwindigkeit haben, werden jedoch ebenfalls resonant beschleunigt, da auch diese Ionen phasenrichtig wieder am Beschleunigungsspalt ankommen. Diese Ionen haben aber nur $\frac{1}{3}$ der maximalen Geschwindigkeit und benötigen daher für

[1] Natürlich könnten auch Deuteronen diesen Peak mit verursachen

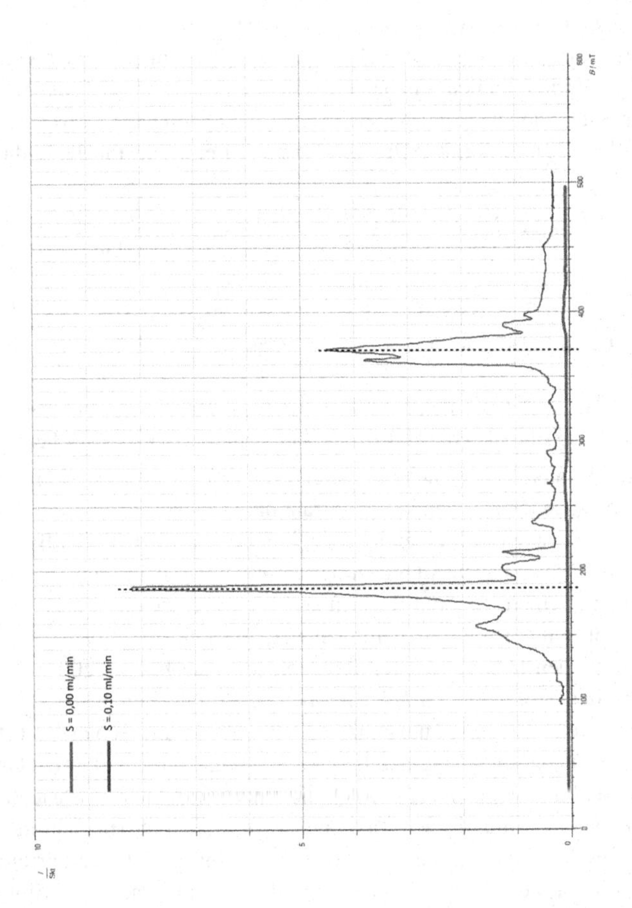

Diagramm 9.1 Das Strahlspektrum

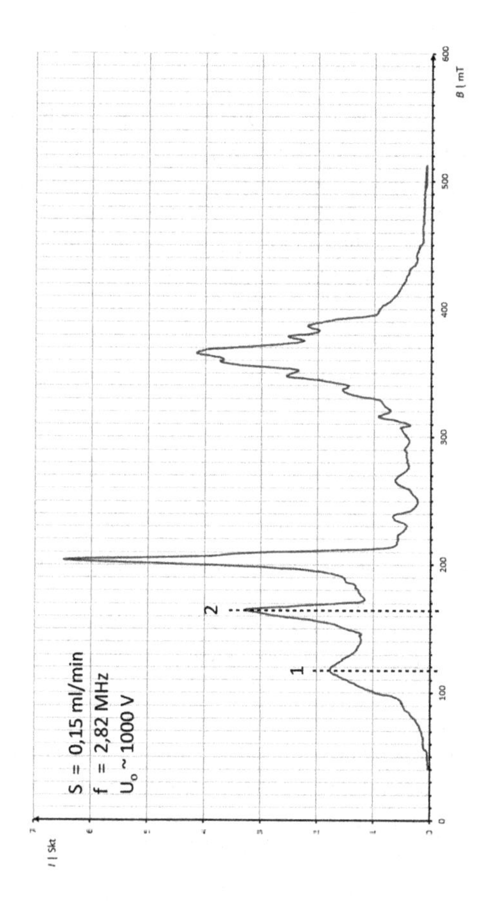

Diagramm 9.2 Ein komplexes Strahlspektrum

eine (Halb-)Kreisbahn mit gleichem Radius auch nur $\frac{1}{3}$ der magn. Flussdichte, wie die folgende Rechnung zeigt:
Sei v_0 die maximale Eintrittsgeschwindigkeit und B_0 (= 370 mT) die benötigte Flussdichte für die Ablenkung, dann gilt für Ionen mit $v = \frac{1}{3} v_0$:

$$B = \frac{v}{\frac{e}{m} r} = \frac{\frac{1}{3} v_0}{\frac{e}{m} r} = \frac{1}{3} \frac{v_0}{\frac{e}{m} r} = \frac{1}{3} B_0.$$

Somit lässt sich Peak 1 solchen H_2^+-Ionen zuordnen, die nur mit $\frac{1}{3}$ der möglichen Maximalgeschwindigkeit in das Dee eintreten.

Peak 2 kann dadurch zustande kommen, dass der betreffende Ionenstrahl direkt in nur einem Halbkreis (d. h. nicht über eine Spiralbahn mit mehreren Umläufen) von der Ionenquelle durch das Magnetfeld in den Faraday-Cup gelenkt wird[2].

Dieser Peak kann sowohl durch Protonen als auch durch H_2^+-Ionen hervorgerufen werden, wie die folgenden Abschätzungen zeigen: Aus

$$B = \frac{v}{\frac{e}{m} r} = \frac{m}{e\, r} \sqrt{2 \frac{e}{m} U}$$

folgt für U:

$$U = \frac{1}{2} \frac{e}{m} (B\, r)^2;$$

mit B = 0,165 T und r = 25 mm ergeben sich die in Tab. 9.1 berechneten Spannungen.

Bei einer Amplitude von ca. 1000 V der Beschleunigungsspannung könnten beide Ionenarten zugleich diesen Peak erzeugt haben, was auch die Höhe des Peaks erklären würde.

Weitere kleinere Peaks dürften von Ionen herrühren, die nicht resonant beschleunigt werde und quasi nur zufällig in den Faraday-Cup gelangen. Derartige Ionen gibt es wohl in großer Anzahl, da infolge der Wechselspannung die Ionen nicht nur mit genau einer Spannung beschleunigt werden; es treten also beschleunigte Teilchen stets in einem gewissen Geschwindigkeitsintervall auf.

Tab. 9.1 Spannungen für „Direkt-Ionen“

Ionen	H^+	H_2^+
U I V	808	407

[2]Solche Ionen werden hier als „Direkt-Ionen“ bezeichnet

Resümee

10

Abschließend erfolgt in diesem Kapitel eine kritische Bewertung des Projekts, sowie eine Zusammenfassung des vielfältigen Einsatzes des Schulzyklotrons. Zu erwähnen sind auch die vielen Aktivitäten wie Fortbildungen, Exkursionen zu diversen Forschungseinrichtungen sowie die Präsentationen auf internationalen Konferenzen. Die Betrachtung der Nachhaltigkeit sowie ein kurzer Ausblick auf die Zukunft des kleinen Zyklotrons runden das Resümee schließlich ab.
Am Ende dieses und eigentlich eines jeden Projekts erhebt sich die Frage: Hat sich der ganze Aufwand gelohnt?

Diese Frage stellt sich insbesondere bei einem derartig aufwendigen Projekt, in das viel Geld und Zeit investiert wurde.

Eine Antwort ließe sich sehr leicht finden, wenn es sich um ein Industrieprojekt gehandelt hätte. In diesem Fall müsste man lediglich den gesamten Aufwand berechnen und diesen von den erzielten Einnahmen abziehen. Bei einer positiven Differenz würde man zu dem Schluss kommen, dass sich das Projekt gelohnt hat und bei einer negativen eben nicht.

Diese Betrachtung kann bei einem pädagogischen Projekt, wie dem vorliegenden, natürlich nicht angewendet werden, da man bei einem solchen naturgemäß keine materiellen, geldwerten Einnahmen erzielt. Deshalb müssen wir die Frage anders stellen:

Wann hätte sich der Aufwand für das Projekt COLUMBUS nicht gelohnt?

Diese Frage ist nun einfacher zu beantworten. Sicher hätte sich das Projekt nicht gelohnt, wenn es nach dem erfolgreichen Abschluss im Jahre 2014 beendet worden wäre. Natürlich ist der Nachbau eines, wenn auch eines so kleinen Zyklotrons, ein persönlicher Erfolg für alle Beteiligten, aber es bliebe dann doch die Frage „Was sollte das Ganze, wem nützt dieser Erfolg letztendlich"?

M. Prechtl und C. Wolf, *Das Lehr-Zyklotron COLUMBUS*, essentials,
https://doi.org/10.1007/978-3-658-29710-7_10

Somit muss der Erfolg an dem nachhaltigen Nutzen für Schüler und Studenten gemessen werden. Nachhaltigkeit bedeutet in diesem Zusammenhang der kontinuierliche Einsatz des Zyklotrons im Schul- und Lehrbetrieb. Dieser kann aus weiteren Verbesserungen des Beschleunigers und seiner Komponenten bestehen oder sich auch in Workshops ausdrücken, in denen Schüler und Studenten Physik nicht nur theoretisch erlernen, sondern auch in Experimenten erleben, die anderswo in dieser Form nicht möglich sind.

Seit 2014, genauer seit dem 15. April 2014, nachdem der erste Strahl registriert wurde, wurde das Zyklotron ständig weiter entwickelt und verbessert. Ohne den Anspruch auf Vollständigkeit seien hier genannt:

- Das professionelle Gestell für den Magneten
- Eine realitätsnahe Simulation der Beschleunigung
- Der Einbau eines Lineartranslators
- Ein mechanisches Modell eines Zyklotrons
- ...

Darüber hinaus gab es noch viele weitere Verbesserungen, die den Einsatz des Beschleunigers von Jahr zu Jahr optimiert haben. Aus diesen Verbesserungen sind einige z. T. preisgekrönte Jugend-forscht-Arbeiten hervorgegangen.

Weiterhin wurden pro Jahr mehrere Workshops über Beschleunigerphysik abgehalten, die durchweg sehr hohen Anklang gefunden haben. Lehrerfortbildung sind hier ebenso zu nennen, wie die Exkursionen, zum Forschungszentrum nach Jülich oder sogar nach Genf zum CERN, die die pädagogische Arbeit ergänzten und zu unvergesslichen Erlebnissen für Schüler und Betreuer gemacht haben.

Weitere Höhepunkte waren sicher die Vorstellung unserer Projekte auf der Cyclotrons 2013 und 2016. Hierbei handelte es sich um internationale Konferenzen, die in Vancouver und Zürich stattfanden. Die Vorträge und Poster der Schüler und Studenten, die sie dort präsentierten, fanden durchweg eine hohe Anerkennung.

Diese Aktivitäten zeigen aber auch, dass die Nachhaltigkeit eines solchen Projekts nicht von selbst kommt, sondern eine Folge des Engagements vieler physikbegeisterter Personen ist, zu denen Lehrer, Professoren und Ingenieuren der Hochschule und ortsansässiger Firmen zählen, denen allen die Förderung unserer Schüler und Studenten am Herzen liegt. Der Erfolg dieses Projekts ist vor allem ihr Verdienst und wir bedanken uns an dieser Stelle für diesen außergewöhnlichen Einsatz.

Was Sie aus diesem *essential* mitnehmen können

- Beschleunigung ist Teamarbeit – Ein reales Zyklotron ist ein komplexes System aus vielen aufeinander abgestimmten Komponenten.
- Beschleunigung ist Kopplung und Resonanz – Die Beschleunigung resultiert aus der resonanten Kopplung der Kreisbewegung mit der hochfrequenten Beschleunigungsspannung.
- Nicht für die Schule, für das Leben lernen wir – Für das Verständnis der Experimente reichen die Kenntnisse aus dem Physikunterricht.
- Die Motivation sich große Ziele zu setzen – es gibt keine (unlösbaren) Probleme, sondern nur Herausforderungen!

M. Prechtl und C. Wolf, *Das Lehr-Zyklotron COLUMBUS*, essentials,
https://doi.org/10.1007/978-3-658-29710-7

Zyklotron-(Kreis-)Frequenz

A

Bewegen sich Ionen in einem Magnetfeld auf einer Kreisbahn mit Radius r, so liefert die LORENTZ-Kraft $F_{\mathrm{L}} = qvB$ zu jedem Zeitpunkt die dafür notwendige Zentralkraft $F_{\mathrm{Z}} = m\frac{v^2}{r}$ (vgl. Abb. A.1).

Dabei ist B die magnetische Flussdichte des Feldes, q und m Ladung bzw. Masse des Ions, v die Geschwindigkeit und r der Radius der betreffenden Kreisbahn[1]. Somit gilt:

$$F_{\mathrm{Z}} = F_{\mathrm{L}} \;:\quad m\frac{v^2}{r} = qvB \quad\Rightarrow\quad v = \frac{q}{m}Br, \tag{A.1}$$

und daraus folgt, dass mit steigender Geschwindigkeit auch der Radius der Kreisbahnen zunimmt, wenn das Magnetfeld B konstant ist. Deshalb benötigt man Magnete mit großen Polen, will man hohe Geschwindigkeiten erreichen.

Aus der letzten Gleichung folgt sofort für die Umlaufdauer $T = \frac{2\pi}{\omega}$ mit $\omega = \frac{v}{r}$ (Winkelgeschwindigkeit der Kreisbewegung):

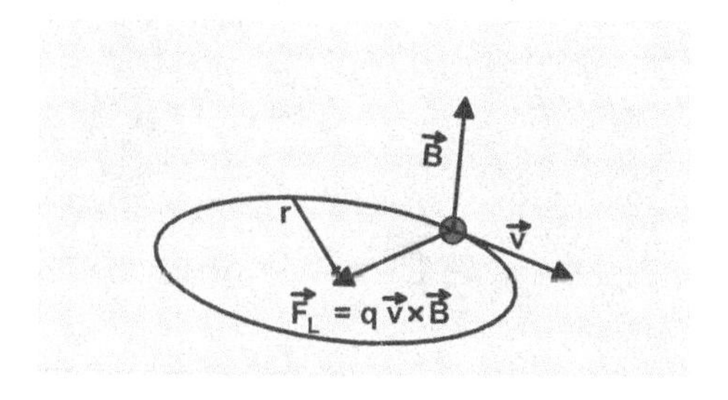

Abb. A.1 Lorentzkraft

[1] Werden Größen ohne Vektorpfeil verwendet, so sind deren Beträge gemeint.

M. Prechtl und C. Wolf, *Das Lehr-Zyklotron COLUMBUS*, essentials,
https://doi.org/10.1007/978-3-658-29710-7

$$T = \frac{2\pi r}{v} = \frac{2\pi \cancel{r}}{\frac{q}{m} B \cancel{r}} = \frac{2\pi}{\frac{q}{m} B}. \quad (\text{„r cancels r“}) \tag{A.2}$$

Somit ist die Umlaufdauer T unabhängig von sowohl dem Radius r als auch der Geschwindigkeit v der Ionen. T hängt nur von der magn. Flussdichte B und der spezifischen Ladung $\frac{q}{m}$ der Teilchen ab. Sind diese Größen konstant, gilt selbes für die Periodendauer und schließlich auch für die sog. Zyklotronfrequenz f_{Zyk} bzw. die Zyklotron-Kreisfrequenz $\omega_{\text{Zyk}} = 2\pi f_{\text{Zyk}}$:

$$f_{\text{Zyk}} = \frac{1}{T} = \frac{1}{2\pi} \frac{q}{m} B \quad \text{oder} \quad \omega_{\text{Zyk}} = 2\pi f_{\text{Zyk}} = \frac{q}{m} B. \tag{A.3}$$

Mittlere freie Weglänge

B

Es wird die eindimensionale Bewegung, z.B. in x-Richtung, der Teilchensorte 1 (Wasserstoff-Ionen) in einem Gas aus ruhenden Teilchen vom Typ 2 (Stickstoff-Moleküle) betrachtet. Die Stoßwahrscheinlichkeit P_S lässt sich dann als Summe aller Stoßquerschnitte bezogen auf eine zur x-Richtung orthogonalen „makroskopischen Querschnittsfläche" A definieren:

$$P_S = \frac{N_2\sigma}{A} \quad \text{mit} \quad N_2 = n_2\, A\mathrm{d}x \quad \text{und} \quad \sigma = (R_1 + R_2)^2\pi\ ;$$

hierbei ist N_2 die Anzahl an Stoßpartnern im „Testvolumen" $A\mathrm{d}x$. Auf dem Weg $\mathrm{d}x$ nimmt folglich die Zahl N_1 der 1er-Teilchen um

$$\mathrm{d}N_1 = -PN_1 = -kN_1\,\mathrm{d}x \quad \text{mit} \quad k = n_2(R_1 + R_2)^2\pi = konst > 0$$

ab; hier liegt das Modell zu Grunde, dass sich Teilchen nach einem Stoß i.Allgem. von der x-Richtung weg bewegen und infolge dessen keine weitere Berücksichtigung finden. Damit lässt sich N_1 mit dem Startwert N_0 bei $x = 0$ in Abhängigkeit von x berechnen:

$$\frac{\mathrm{d}N_1}{N_1} = -k\,\mathrm{d}x,$$

also (die bestimmte Integration[2] bedeutet anschaulich eine Summation)

---

[2]Da von N_0 bis zu einem bel. Wert N_1 (unabhängige Variable) bzw. von 0 bis x integriert wird, muss die Variable im im Integranden zur Vermeidung einer Doppelbezeichnung umbenannt werden ($N_1 \hookrightarrow \tilde{N}_1$ und $x \hookrightarrow \tilde{x}$).

M. Prechtl und C. Wolf, *Das Lehr-Zyklotron COLUMBUS*, essentials,
https://doi.org/10.1007/978-3-658-29710-7

$$\int_{N_0}^{N_1} \frac{\mathrm{d}\tilde{N}_1}{\tilde{N}_1} = -k \int_0^x \mathrm{d}\tilde{x} \quad \text{bzw.} \quad \left[\ln \tilde{N}_1\right]_{N_0}^{N_1} = -k\left[\tilde{x}\right]_0^x$$

und letztlich nach N_1 aufgelöst

$$N_1 = N_0 e^{-kx}.$$

Auf dem Weg von x bis $x + \mathrm{d}x$ bleiben demnach

$$|\mathrm{d}N_1| = kN_0 e^{-kx}\mathrm{d}x$$

Teilchen im ruhenden Gas stecken. Diese $|\mathrm{d}N_1|$ Teilchen legen zusammen den Weg $x|\mathrm{d}N_1|$ zurück. Und für den Gesamtweg s_{ges} aller Teilchen der Sorte 1 gilt, da manche Teilchen theoretisch unendlich weit fliegen:

$$s_{\text{ges}} = \int_0^{N_0} x|\mathrm{d}N_1| = kN_0 \int_0^{\infty} xe^{-kx}\mathrm{d}x \overset{[17]}{=} kN_0 \lim_{b\to\infty} \left[\frac{-kx-1}{(-k)^2}e^{-kx}\right]_0^b = \frac{N_0}{k}.$$

Die mittlere feie Weglänge ist schließlich der Mittelwert der von den N_0 Teilchen zurückgelegten Wege, also

$$\bar{l} = \frac{s_{\text{ges}}}{N_0} = \frac{1}{k} = \frac{1}{n_2(R_1+R_2)^2\pi} = \frac{1}{n_2\sigma}. \tag{B.1}$$

Bei dieser Herleitung wurde angenommen, dass sich die Wasserstoff-Ionen in einem Gas aus ruhenden Stickstoff-Molekülen bewegen. In Wirklichkeit bewegen sich aber alle Teilchen. Dadurch kommt es zu mehr Zusammenstößen als in der Herleitung berechnet mit der Folge, dass die mittlere freie Weglänge kleiner wird. Nach einem Ansatz von Maxwell wird dies durch einen Faktor $\sqrt{2}$ im Nenner berücksichtigt, so dass für die mittlere freie Weglänge $\bar{l}$ in der Literatur folgende Formel angegeben wird (vgl. auch: [13]):

$$\bar{l} = \frac{1}{\sqrt{2}\cdot n_2\cdot\sigma}. \tag{B.2}$$

Effektives Saugvermögen, Strömungsleitwert

C

Der pV-Strom am Rezipienten ist gleich dem an der Pumpe (q_{pV} ist Erhaltungsgröße). Jedoch existiert entlang der Anschlussleitung eine gewisse Druckdifferenz Δp, sodass sich an diesen beiden Stellen die pro Zeit transportierten Volumina, also die Saugvermögen unterscheiden. Mit dem Druck p im Rezipienten und dem Nenn-Saugvermögen S_N der Pumpe gilt:

$$pS_\mathrm{eff} = (p - \Delta p)S_\mathrm{N}$$

bzw. mit $q_{pV} = pS_\mathrm{eff}$ dividiert

$$1 = \frac{S_\mathrm{N}}{S_\mathrm{eff}} - \frac{\Delta p}{q_{pV}} S_\mathrm{N}.$$

Den Faktor $\Delta p / q_{pV}$ („treibende Kraft/Teilchenstrom“) bezeichnet man als den Strömungswiderstand R_L und dessen Kehrwert $G_\mathrm{L} = 1/R_\mathrm{L}$ als Strömungsleitwert der Anschlussleitung. Damit lässt sich die Gleichung wie folgt formulieren:

$$\frac{1}{S_\mathrm{eff}} = \frac{1}{S_\mathrm{N}} + R_\mathrm{L} = \frac{1}{S_\mathrm{N}} + \frac{1}{G_\mathrm{L}}. \tag{C.1}$$

Nach [13] gilt bei einer Molekularströmung, d. h. KNUDSEN-Zahl $Kn = \bar{l}/D \geq 10$, für den Strömungsleitwert G_L eines langen (Verhältnis von Länge zu Durchmesser $\frac{L}{D} \gg 1$), geraden kreiszylindrischen Rohres $G_\mathrm{L} = G_\mathrm{B} P_\mathrm{R}$ mit dem Strömungsleitwert

$$G_\mathrm{B} = \frac{\pi}{16} \bar{v} D^2$$

M. Prechtl und C. Wolf, *Das Lehr-Zyklotron COLUMBUS*, essentials,
https://doi.org/10.1007/978-3-658-29710-7

Tab. C.1 effektives Saugvermögen für Stickstoff und Wasserstoff

	H_2	N_2
S_N | l/s (Herstellerangaben)	28,0	35,0
v_G | km/s	1,75	0,469
G_L | l/s	44,3	11,8
S_{eff} | l/s	17,2	8,8

einer entsprechenden Blende und der sog. Durchlaufwahrscheinlichkeit

$$P_R = \frac{4}{3}\frac{D}{L}$$

für ein langes Rohr. Damit erhält man letztlich als Berechnungsformel für den Rohr-Strömungsleitwert:

$$G_L = \frac{\pi}{12}\bar{v}\frac{D^3}{L},$$

hierbei ist $\bar{v}$ die mittlere thermische Geschwindigkeit des durch das Rohr strömenden Gases.

Für ein Rohr DN40 mit Kleinflanschtechnik ISO-KF mit einem Innendurchmesser von $D = 39$ mm und einer Länge von $l = 0{,}615$ m erhält man bei 20 °C die in Tab. C.1 berechneten Werte.

Weglänge der Spiralbahn

D

Die gesamte Bahnlänge s_{ges} erhält man durch Aufsummieren der Längen aller Halbkreise, aus denen sich die Spiralbahn zusammensetzt, zuzüglich des zurückgelegten Weges $k \cdot \Delta gap$ im Beschleunigungsspalt. Dabei ist k die Anzahl der Beschleunigungen (2 pro Umlauf) und Δgap die Breite des Beschleunigungsspalts:

$$s_{\text{ges}} = \sum_{i=1}^{k} r_i \pi + k \cdot \Delta gap \tag{D.1}$$

Diese Gleichung gilt allerdings nur unter folgenden Voraussetzungen:

- Das Magnetfeld ist im gesamten Beschleunigungsraum homogen und senkrecht zur Bahnebene gerichtet.
- Im Beschleunigungsspalt wirkt kein Magnetfeld, so dass sich die Ionen dort geradlinig bewegen.

Die Formeln kann jedoch noch vereinfacht werden, indem man die Radien r_i durch den Anfangsradius r_1 ausdrückt. Zu diesem Zweck berechnen wir zunächst die Geschwindigkeit v_1 auf dem ersten Halbkreis aus dem Energiesatz: Aus

$E_{\text{kin}1} = W_{\text{el}}$ mit $E_{\text{kin}1} = \frac{1}{2} m v_1^2$ und $W_{\text{el}} = qU_0$ folgt

$$v_1 = \sqrt{2 \frac{q}{m} U_0}. \tag{D.2}$$

Für die Geschwindigkeit auf dem zweiten Bahnabschnitt ergibt sich sodann wegen $\frac{m}{2} v_2^2 = \frac{m}{2} v_1^2 + qU_0$:

M. Prechtl und C. Wolf, *Das Lehr-Zyklotron COLUMBUS*, essentials,
https://doi.org/10.1007/978-3-658-29710-7

$$v_2 = \sqrt{v_1^2 + 2\frac{q}{m}U_0} = \sqrt{v_1^2 + 2v_1^2} = v_1\sqrt{2}, \tag{D.3}$$

oder allgemein für den i-ten Halbkreis:

$$v_i = v_1\sqrt{i} \tag{D.4}$$

Nun gilt mit $\omega_{\text{Zyk}} = \frac{v_1}{r_1} = \cdots = \frac{v_i}{r_i}$:

$$r_i = r_1\sqrt{i}. \tag{D.5}$$

Jetzt lässt sich die Formel (D.1) unter Zuhilfenahme von (D.5) umformen:

$$s_{\text{ges}} = \sum_{i=1}^{k} r_i\pi + k \cdot \Delta gap = r_1\pi \cdot \sum_{i=1}^{k} \sqrt{i} + k \cdot \Delta gap. \tag{D.6}$$

Erstaunlicherweise gibt es für die Summe $\sum_{i=1}^{k} \sqrt{i}$ keinen geschlossenen Ausdruck, so dass keine weitere Vereinfachung möglich ist[3]. Dieser Umstand ist jedoch vernachlässigbar, da es sich im vorliegenden Fall nur um eine begrenzte Anzahl k an Beschleunigungen mit typ. $k < 20$ handelt und die Auswertung der Summe somit keine große Herausforderung darstellt.

[3] unter https://www.matheplanet.com/matheplanet/nuke/html/viewtopic.php?topic=102888 findet man eine Näherungsformel, die allerdings wenig praktikabel ist

Literatur

[1] F. Neill: *Fred's World of Science: Cyclotron II* unter URL: http://www.niell.org/cyc2.html (Stand: 01.06.2019)

[2] L. Dewan: *Design and Construction of a Cyclotron Capable of Accelerating Protons to 2 MeV.* MIT, 2007

[3] D. Steiger, R. Heeb: *Theorie, Projektierung und Bau eines Zyklotrons.* Wattwil, Maturaarbeit, 2008

[4] H. Baumgartner, P. Heuer: *Design of a 2 MeV Proton Cyclotron.* June 2011

[5] Koeth Cyclotron: unter URL: http://koethcyclotron.org/?p=48 (Stand: 01.06.2019)

[6] W. Demtröder: *Experimentalphysik 4 – Kern-, Teilchen- und Astrophysik.* Berlin, Heidelberg, New York: Springer-Verlag, 1998

[7] *De-Broglie-Wellenlänge von schnellen Elektronen* unter URL: https://www.didaktik.physik.uni-muenchen.de/elektronenbahnen/elektronenbeugung/wellenlaenge/de-broglie-relativistisch.php (Stand: 6.Juni 2019)

[8] J.L. Heilbron, R.W. Seidel: *Lawrence and his Laboratory.* Berkeley, Los Angeles, Oxford: University of California Press

[9] F. Hinterberger: *Physik der Teilchenbeschleuniger und Ionenoptik.* Berlin, Heidelberg, New York: Springer-Verlag, 1997

[10] J.J. Livingood: *Principles of Cyclic Particle Accelerators.* Princeton, New Jersey: D.Van Nostrand Company, INC, 1961

[11] J. Herz-Stiftung (Hrsg) *Teilchenphysik Forschungsmethoden* Hamburg: Joachim Herz Stiftung, 2018

[12] *Geschichte des CERN* unter URL: http://lhc-facts.ch/index.php?page=geschichtecern (Stand: 6. Juni 2019)

[13] K. Jousten (Hrsg.): *Wutz Handbuch Vakuumtechnik – Theorie und Praxis.* Wiesbaden: Vieweg-Verlag, 2004

[14] VACOM Vakuum Komponenten u. Messtechnik GmbH: *Die kleine Fibel der Vakuum-Druckmessung.* Jena 2011

[15] W. Demtröder: *Experimentalphysik 3 – Atome, Moleküle und Festkörper.* Berlin, Heidelberg, New York: Springer-Verlag, 2000

[16] W. Demtröder: *Experimentalphysik 1 – Mechanik und Wärme.* Berlin, Heidelberg, New York: Springer-Verlag, 1998

M. Prechtl und C. Wolf, *Das Lehr-Zyklotron COLUMBUS,* essentials,
https://doi.org/10.1007/978-3-658-29710-7

[17] L. Papula: *Mathematische Formelsammlung für Ingenieure und Naturwissenschaftler.* Wiesbaden: Vieweg-Verlag, 2009

[18] Huashun Zhang: *Ion Sources.* Beijing, Hong Kong; New York: Science Press, 2010

[19] E.Constable, J. Horvat und R. A. Lewis: Mechanisms of x-ray emission from peeling anhasive tape Appl. Phys. Lett. 97,131502, 2010

[20] Pfeiffer Vacuum GmbH: The Vacuum Technology Book, Volume II Asslar: Pfeiffer Vacuum GmbH, 2013

[21] TRIUMF *Five-Year Plan 2020 - 2025* unter URL: https://fiveyearplan.triumf.ca/teams-tools/520-mev-cyclotron/ (Stand: 01. Januar 2020)

Printed in the United States
By Bookmasters